U0160304

国家出版基金项目
NATIONAL PUBLICATION FOUNDATION

现代水声技术与应用丛书
杨德森　主编

# 水下近场声全息及其应用

何元安　肖　妍　张　超等　著

科学出版社
龙门书局
北京

# 内 容 简 介

本书主要介绍我国水下近场声全息测试技术的相关发展情况,以水下结构噪声源特性、水下黏弹性材料声学性能等为对象,介绍近场声全息测试方法基本原理、关键技术及应用情况。全书共7章:第1章主要介绍水下近场声全息的理论基础,第2章介绍基于正交函数的近场声全息变换方法,第3章主要针对非共形全息变换问题,介绍基于边界元技术的近场声全息技术,第4章介绍基于等效源法的近场声全息技术,第5章主要介绍基于有限元法的近场声全息变换方法,第6章针对运动目标的源识别问题介绍基于运动框架的近场声全息变换技术,第7章主要介绍部分水下近场声全息工程应用实例。

本书可供水声工程、船舶与海洋工程、声学等相关专业研究人员和技术人员阅读,也可以作为声学相关专业研究生的参考书。

**图书在版编目(CIP)数据**

水下近场声全息及其应用 / 何元安等著. —北京:龙门书局,2023.12
(现代水声技术与应用丛书/杨德森主编)

国家出版基金项目

ISBN 978-7-5088-6379-5

Ⅰ. ①水… Ⅱ. ①何… Ⅲ. ①声全息照相－应用－水下环境噪声－噪声测量－研究 Ⅳ. ①O427.5

中国国家版本馆 CIP 数据核字(2023)第 246103 号

责任编辑:杨慎欣 张培静 张 震 / 责任校对:王萌萌
责任印制:徐晓晨 / 封面设计:无极书装

科学出版社 出版
龙门书局
北京东黄城根北街16号
邮政编码:100717
http://www.sciencep.com

三河市春园印刷有限公司 印刷
科学出版社发行 各地新华书店经销

\*

2023 年 12 月第 一 版 开本:720 × 1000 1/16
2023 年 12 月第一次印刷 印张:10 1/4 插页:8
字数:213 000

**定价:118.00 元**
(如有印装质量问题,我社负责调换)

# 本书作者名单

何元安　肖　妍　张　超
商德江　刘永伟　董　磊

# 丛 书 序

海洋面积约占地球表面积的三分之二，但人类已探索的海洋面积仅占海洋总面积的百分之五左右。由于缺乏水下获取信息的手段，海洋深处对我们来说几乎是黑暗、深邃和未知的。

新时代实施海洋强国战略、提高海洋资源开发能力、保护海洋生态环境、发展海洋科学技术、维护国家海洋权益，都离不开水声科学技术。同时，我国海岸线漫长，沿海大型城市和军事要地众多，这都对水声科学技术及其应用的快速发展提出了更高要求。

**海洋强国，必兴水声**。声波是迄今水下远程无线传递信息唯一有效的载体。水声技术利用声波实现水下探测、通信、定位等功能，相当于水下装备的眼睛、耳朵、嘴巴，是海洋资源勘探开发、海军舰船探测定位、水下兵器跟踪导引的必备技术，是关心海洋、认知海洋、经略海洋无可替代的手段，在各国海洋经济、军事发展中占有战略地位。

从 1953 年中国人民解放军军事工程学院（即"哈军工"）创建全国首个声呐专业开始，经过数十年的发展，我国已建成了由一大批高校、科研院所和企业构成的水声教学、科研和生产体系。然而，我国的水声基础研究、技术研发、水声装备等与海洋科技发达的国家相比还存在较大差距，需要国家持续投入更多的资源，需要更多的有志青年投入水声事业当中，实现水声技术从跟跑到并跑再到领跑，不断为海洋强国发展注入新动力。

**水声之兴，关键在人**。水声科学技术是融合了多学科的声机电信息一体化的高科技领域。目前，我国水声专业人才只有万余人，现有人员规模和培养规模远不能满足行业需求，水声专业人才严重短缺。

**人才培养，著书为纲**。书是人类进步的阶梯。推进水声领域高层次人才培养从而支撑学科的高质量发展是本丛书编撰的目的之一。本丛书由哈尔滨工程大学水声工程学院发起，与国内相关水声技术优势单位合作，汇聚教学科研方面的精英力量，共同撰写。丛书内容全面、叙述精准、深入浅出、图文并茂，基本涵盖了现代水声科学技术与应用的知识框架、技术体系、最新科研成果及未来发展方向，包括矢量声学、水声信号处理、目标识别、侦察、探测、通信、水下对抗、传感器及声系统、计量与测试技术、海洋水声环境、海洋噪声和混响、海洋生物声学、极地声学等。本丛书的出版可谓应运而生、恰逢其时，相信会对推动我国水声事业的发展发挥重要作用，为海洋强国战略的实施做出新的贡献。

在此，向 60 多年来为我国水声事业奋斗、耕耘的教育科研工作者表示深深的敬意！向参与本丛书编撰、出版的组织者和作者表示由衷的感谢！

中国工程院院士　杨德森

2018 年 11 月

# 自　序

近场声全息（near-field acoustic holography，NAH）是一种常用的基于阵列测量的声场重建技术，自梅纳德（Maynard）、威廉斯（Williams）和李（Lee）开创性地将全息测试技术从光学引入声学开始，发展至今已有 40 余年的历史。近场声全息技术通过测量声场空间某一区域内的声场分布，可以重建出整个三维空间声场的声学量，迅速成为一种有效的声源识别、定位和声场可视化的强有力工具。由于声波是水下信息传输最有效的载体，水下近场声全息技术也得到了广泛关注，经过多年发展，目前在水下弹性体噪声源识别、水下弹性体的声场重构与控制、声学特征材料性质分析与设计等领域起到了重要的作用。

本书主要介绍水下近场声全息的主要理论方法，以及相应的关键技术和关键问题，并给出了典型的近场声全息技术在工程上的应用实例，这对于水下声全息技术的发展和实际工程应用将起到很好的促进作用。本书是作者多年科研和教学工作的总结和提炼，是水下近场声全息技术领域首次全面系统的学术总结，对教学和科研均有很好的参考价值。

本书内容共 7 章，具体如下。

第 1 章对水下近场声全息理论基础进行详细介绍，重点针对亥姆霍兹积分以及近场声全息变换理论开展论述。

第 2 章对基于正交函数的近场声全息进行详细介绍，重点介绍基于傅里叶变换的近场声全息。

第 3 章对基于边界元技术的近场声全息进行分析，介绍边界元近场声全息变换的基本关系式以及关键参数。

第 4 章详细介绍基于等效源法的近场声全息，以及基于等效源法的声场分离技术，并对基于等效源法的近场声全息中的关键问题进行分析。

第 5 章介绍基于有限元法的近场声全息，结合基于等效源法的近场声全息变换方法进行案例分析。

第 6 章进行运动目标近场声全息的详细介绍，主要介绍边界元法与移动框架技术相结合的近场声全息变换方法，并分析运动目标近场声全息变换中的关键问题。

第 7 章通过一些工程应用实例，对水下近场声全息技术的分析过程进行说明。

　　本书由何元安、肖妍、张超、商德江、刘永伟、董磊共同撰写，其中何元安完成了整书规划、统稿工作，何元安、肖妍撰写了第 1、2、6 章，张超撰写了第 3 章，董磊撰写了第 4 章，刘永伟撰写了第 5 章，商德江撰写了第 7 章。此外，李金凤、赵明月为本书的公式核对工作付出了辛勤劳动，在此深表感谢。

　　由于作者学识水平有限，书中难免存在不妥之处，敬请广大读者提出宝贵意见。

何元安

2023 年 3 月 15 日于北京

# 目　录

彩图

# 第1章 水下近场声全息理论基础

近场声全息测试技术是一种常用的水下弹性结构噪声源识别技术，诞生于 20 世纪 80 年代初，通过声场空间某一区域已知的声场分布可以重建整个三维空间声场的声学量，如声压、质点振速、声强以及远场指向性等[1]。因此，在进行水下弹性结构表面噪声源特性分析时，只需要近场处的全息声压，即可得到源表面声学量信息以及空间声场中的声能分布、辐射声功率等重要参数，为水下结构的噪声源识别及噪声控制方案设计提供可视化的有效信息。因其具有此优点，近场声全息技术迅速成为一种有效的声源识别、定位和声场可视化的强有力工具。

## 1.1 声波动方程

声学基础中，为方便讨论，通常把介质看成均匀的，声速和密度是介质的常数，不随时间和空间位置变化，由此，流体中的声传播问题研究得以大大简化。考虑声速和密度的时、空变化特性，在忽略流体黏滞性和热传导的条件下，可以求得运动方程[2]

$$\frac{\mathrm{d}\boldsymbol{u}}{\mathrm{d}t} + \frac{1}{\rho_0}\nabla p = 0 \tag{1-1}$$

式中，$\boldsymbol{u}$ 是质点振速；$p$ 是声压；$\rho_0$ 是密度。

在小振幅波动情况下，忽略 $\dfrac{\mathrm{d}\boldsymbol{u}}{\mathrm{d}t}$ 中的二阶小量后，式（1-1）简化成小振幅下的形式：

$$\rho_0 \frac{\partial \boldsymbol{u}}{\partial t} = -\nabla p \tag{1-2}$$

根据质量守恒定律，小振幅波满足的连续性方程为

$$\frac{\partial \rho_l}{\partial t} + \rho_0 \nabla \cdot \boldsymbol{u} = 0 \tag{1-3}$$

式中，$\rho_l$ 是密度逾量，定义为介质中有声场时的密度 $\rho$ 与无声场时的密度 $\rho_0$ 之差。

声振动过程近似为等熵过程，其状态方程为

$$p = c_0^2 \rho_l \qquad\qquad (1\text{-}4)$$

式中，$c_0$ 是声波传播速度。

对式（1-2）～式（1-4）进行消元，可以得到一个基本声学量的方程。

将式（1-3）两端对 $t$ 取偏导，得

$$\frac{\partial^2 \rho_l}{\partial t^2} + \rho_0 \frac{\partial}{\partial t} \nabla \cdot \boldsymbol{u} = 0 \qquad\qquad (1\text{-}5)$$

将式（1-4）两端对 $t$ 取二阶偏导，得

$$\frac{\partial^2 p}{\partial t^2} = c_0^2 \frac{\partial^2 \rho_l}{\partial t^2} \qquad\qquad (1\text{-}6)$$

将式（1-2）两端取偏导，得

$$\rho_0 \nabla \cdot \frac{\partial}{\partial t} \boldsymbol{u} = -\nabla \cdot (\nabla p) = -(\nabla \cdot \nabla) p = -\nabla^2 p \qquad\qquad (1\text{-}7)$$

将式（1-5）代入式（1-6），得

$$\frac{1}{c_0^2} \frac{\partial^2 p}{\partial t^2} + \rho_0 \frac{\partial}{\partial t} \nabla \cdot \boldsymbol{u} = 0 \qquad\qquad (1\text{-}8)$$

对于物理可实现函数，有

$$\nabla \cdot \frac{\partial}{\partial t} \boldsymbol{u} = \frac{\partial}{\partial t} \nabla \cdot \boldsymbol{u} \qquad\qquad (1\text{-}9)$$

则

$$\nabla^2 p(\boldsymbol{r}, t) - \frac{1}{c_0^2} \frac{\partial^2 p(\boldsymbol{r}, t)}{\partial t^2} = 0 \qquad\qquad (1\text{-}10)$$

式（1-10）为小振幅波声压函数的波动方程。其中

$$\nabla^2 = \frac{\partial^2}{\partial x^2} + \frac{\partial^2}{\partial y^2} + \frac{\partial^2}{\partial z^2} \qquad\qquad (1\text{-}11)$$

$\nabla^2$ 称作拉普拉斯算符（子）。

## 1.2　亥姆霍兹方程

因为空间任一点的声压随时间的变化为简谐函数，故可引入复声压，令

$$\tilde{p}(\boldsymbol{r}, t) = \tilde{p}(\boldsymbol{r}, t) \mathrm{e}^{\mathrm{j}\omega t} \qquad\qquad (1\text{-}12)$$

将复声压代入波动方程，可得

$$\nabla^2 \tilde{p}(\boldsymbol{r}) + k^2 \tilde{p}(\boldsymbol{r}) = 0 \qquad (1\text{-}13)$$

式中，$k = \dfrac{\omega}{c_0}$，称作波场的波数。式（1-13）即亥姆霍兹方程[3]。

亥姆霍兹方程是波场声学量的时间函数为简谐函数时，波场声学量的空间分布函数遵循的方程，也可表述为亥姆霍兹方程是稳态波场的空间分布函数遵循的方程。

## 1.2.1　亥姆霍兹方程在直角坐标系下的形式解

利用分离变量法可得直角坐标系下亥姆霍兹方程的形式解。在直角坐标系下，亥姆霍兹方程为

$$\frac{\partial^2 p(x,y,z)}{\partial x^2} + \frac{\partial^2 p(x,y,z)}{\partial y^2} + \frac{\partial^2 p(x,y,z)}{\partial z^2} + k^2 p(x,y,z) = 0 \qquad (1\text{-}14)$$

令 $p(x,y,z) = X(x)Y(y)Z(z)$，代入式（1-14），得

$$X''(x)Y(y)Z(z) + X(x)Y''(y)Z(z) + X(x)Y(y)Z''(z)$$
$$+ k^2 X(x)Y(y)Z(z) = 0 \qquad (1\text{-}15)$$

若 $X(x)Y(y)Z(z) \neq 0$，可得

$$\frac{X''(x)}{X(x)} + \frac{Y''(y)}{Y(y)} + \frac{Z''(z)}{Z(z)} + k^2 = 0 \qquad (1\text{-}16)$$

则 $\dfrac{X''(x)}{X(x)} = -k_x^2$，$\dfrac{Y''(y)}{Y(y)} = -k_y^2$，$\dfrac{Z''(z)}{Z(z)} = -\left(k^2 - k_x^2 - k_y^2\right)$。可求解得

$$\begin{cases} X(x) = A\mathrm{e}^{-jk_x x} + B\mathrm{e}^{jk_x x} \\ Y(y) = C\mathrm{e}^{-jk_y y} + D\mathrm{e}^{jk_y y} \\ Z(z) = E\mathrm{e}^{-jk_z z} + F\mathrm{e}^{jk_z z} \end{cases} \qquad (1\text{-}17)$$

式中，$k_x$、$k_y$、$k_z$ 为与空间变量 $x$、$y$、$z$ 取值无关的常数；$A$、$B$、$C$、$D$、$E$、$F$ 为待求系数；

$$k_z = k^2 - k_x^2 - k_y^2 = \left(\frac{\omega}{c}\right)^2 - k_x^2 - k_y^2 \qquad (1\text{-}18)$$

其中，$\omega$ 为角频率。所以

$$
\begin{aligned}
p(x,y,z) &= X(x) + Y(y) + Z(z) \\
&= \sum_{k_x}\sum_{k_y}\left(Ae^{-jk_x x}+Be^{jk_x x}\right)\left(Ce^{-jk_y y}+De^{jk_y y}\right)\left(Ee^{-jk_z z}+Fe^{jk_z z}\right)
\end{aligned}\tag{1-19}
$$

不失一般性，可得亥姆霍兹方程在直角坐标系下的解为

$$
p(x,y,z)=\sum_{k_x}\sum_{k_y}\left[\tilde{C}_{k_x,k_y}\,e^{-j\left(k_x x+k_y y+\sqrt{k^2-k_x^2-k_y^2}\right)}\right]\tag{1-20}
$$

式（1-20）为行波形式解。式中，$\tilde{C}_{k_x,k_y}$ 为与 $k_x$、$k_y$ 有关的复常数，也可以写成驻波形式解：

$$
p(x,y,z)=\sum_{k_x}\sum_{k_y}\left\{\left[a\cos(k_x x)+b\sin(k_x x)\right]\left[c\cos(k_y y)+d\sin(k_y y)\right]\left[e\cos(k_z z)+f\sin(k_z z)\right]\right\}\tag{1-21}
$$

式中，$a$、$b$、$c$、$d$、$e$、$f$ 为待求系数。代入时间函数，可得

$$
p(\boldsymbol{r},t)=\sum_{k_x}\sum_{k_y}\tilde{C}_{k_x,k_y}\,e^{j\left[\omega t-\left(k_x x+k_y y+\sqrt{k^2-k_x^2-k_y^2}z\right)\right]}\tag{1-22}
$$

### 1.2.2　亥姆霍兹方程在柱坐标系下的形式解

柱坐标系下拉普拉斯算符的运算式为

$$
\nabla^2=\frac{1}{r}\frac{\partial}{\partial r}\left(r\frac{\partial}{\partial r}\right)+\frac{1}{r^2}\frac{\partial^2}{\partial\varphi^2}+\frac{\partial^2}{\partial z^2}\tag{1-23}
$$

所以，柱坐标系下亥姆霍兹方程为

$$
\frac{1}{r}\frac{\partial}{\partial r}\left[r\frac{\partial\psi(r,\varphi,z)}{\partial r}\right]+\frac{1}{r^2}\frac{\partial^2\psi(r,\varphi,z)}{\partial\varphi^2}+\frac{\partial^2\psi(r,\varphi,z)}{\partial z^2}+k^2\psi(r,\varphi,z)=0\tag{1-24}
$$

式中，$(r,\varphi,z)$ 为柱坐标的三个分量；$\psi$ 为柱坐标系下亥姆霍兹方程解。

同样地，采用分离变量法求解方程（1-24），令

$$
\psi(\boldsymbol{r})=R(r)\phi(\varphi)Z(z)\tag{1-25}
$$

则

$$
\frac{1}{R(r)}\frac{d^2R(r)}{dr^2}+\frac{1}{r^2}\frac{1}{R(r)}\frac{dR(r)}{dr}+\frac{1}{r^2}\frac{1}{\phi(\varphi)}\frac{d^2\phi(\varphi)}{d\varphi^2}+k^2=-\frac{1}{Z(z)}\frac{d^2Z(z)}{dz^2}\tag{1-26}
$$

令

$$\frac{1}{Z(z)}\frac{\mathrm{d}^2 Z(z)}{\mathrm{d}z^2} = -k_z^2 \tag{1-27}$$

式中，$k_z^2$ 是与变量无关的常数，可得

$$Z(z) = A\mathrm{e}^{-\mathrm{j}k_z z} + B\mathrm{e}^{\mathrm{j}k_z z} = a\cos(k_z z) + b\sin(k_z z) \tag{1-28}$$

其中，$A$、$B$、$a$、$b$ 为待求系数。则

$$\frac{1}{R(r)}\frac{\mathrm{d}^2 R(r)}{\mathrm{d}r^2} + \frac{1}{rR(r)}\frac{\mathrm{d}R(r)}{\mathrm{d}r} + \frac{1}{r^2\phi(\varphi)}\frac{\mathrm{d}^2\phi(\varphi)}{\mathrm{d}\varphi^2} + \left(k^2 - k_z^2\right) = 0 \tag{1-29}$$

可推出

$$\frac{r^2}{R(r)}\frac{\mathrm{d}^2 R(r)}{\mathrm{d}r^2} + r\frac{1}{R(r)}\frac{\mathrm{d}R(r)}{\mathrm{d}r} + \left(k^2 - k_z^2\right)r^2 = -\frac{1}{\phi(\varphi)}\frac{\mathrm{d}^2\phi(\varphi)}{\mathrm{d}\varphi^2} \tag{1-30}$$

令

$$-\frac{1}{\phi(\varphi)}\frac{\mathrm{d}^2\phi(\varphi)}{\mathrm{d}\varphi^2} = n^2 \tag{1-31}$$

可得

$$\begin{aligned}
\phi(\varphi) &= A^n\mathrm{e}^{-\mathrm{j}n\varphi} + B^n\mathrm{e}^{\mathrm{j}n\varphi} \\
&= a'\cos(n\varphi) + b'\sin(n\varphi) \\
&= a_n\cos(n\varphi + \varphi_n)
\end{aligned} \tag{1-32}$$

式中，$\varphi_n$ 为积分常数。

因为声场关于 $\varphi$ 应具有 $2\pi$ 周期性，所以 $n$ 为整数，则

$$\frac{r^2}{R(r)}\frac{\mathrm{d}^2 R(r)}{\mathrm{d}r^2} + r\frac{1}{R(r)}\frac{\mathrm{d}R(r)}{\mathrm{d}r} + \left(k^2 - k_z^2\right) = n^2 \tag{1-33}$$

进而

$$\frac{\mathrm{d}^2 R(r)}{\mathrm{d}r^2} + \frac{1}{r}\frac{\mathrm{d}R(r)}{\mathrm{d}r} + \left(k_r^2 - \frac{n^2}{r^2}\right)R(r) = 0 \tag{1-34}$$

式中，$k_r^2 = k^2 - k_z^2$。

式（1-34）为 $n$ 阶贝塞尔（Bessel）方程，其解为 $n$ 阶柱函数，因此，可得柱坐标系下亥姆霍兹方程的驻波形式解为

$$\begin{aligned}
\psi(\boldsymbol{r}) &= \psi(r,\varphi,z) = R(r)\phi(\varphi)Z(z) \\
&= \sum_{k_r}\sum_{n}\left[A_n\mathrm{J}_n(k_r r) + B_n\mathrm{N}_n(k_r r)\right]\left[a_{k_z}\cos(k_z z) + b_{k_z}\sin(k_z z)\right]\cos(n\varphi + \varphi_n)
\end{aligned}$$

$$\tag{1-35}$$

式中，$A_n$、$B_n$ 为待求系数；$J_n$ 为柱贝塞尔函数；$N_n$ 为柱诺伊曼（Neumann）函数（第二类柱贝塞尔函数）。

行波形式解为

$$\psi(\boldsymbol{r}) = \psi(r,\varphi,z) = R(r)\phi(\varphi)Z(z)$$
$$= \sum_{k_r}\sum_n \left[ A''\mathrm{H}_n^{(1)}(k_r r) + B''\mathrm{H}_n^{(2)}(k_r r) \right] \left( a_{k_z}'' \mathrm{e}^{-\mathrm{j}k_z z} + b_{k_z}'' \mathrm{e}^{\mathrm{j}k_z z} \right) \cos(n\varphi + \varphi_n) \quad (1\text{-}36)$$

式中，$\mathrm{H}_n$ 为柱汉克尔（Hankel）函数（第三类柱贝塞尔函数），$\mathrm{H}_n^{(1)}$、$\mathrm{H}_n^{(2)}$ 分别为第一类和第二类柱汉克尔函数。

需要注意的是：①$k_r(k_z)$、$n$ 以及各个本征函数的系数由边界条件确定；②不同的具体问题，可以选择不同的形式解，再对形式解做简化，会使求解过程简单。

## 1.2.3 亥姆霍兹方程在球坐标系下的形式解

球坐标系下拉普拉斯算符的运算式为

$$\nabla^2 = \frac{1}{r^2}\frac{\partial}{\partial r}\left( r^2 \frac{\partial}{\partial r} \right) + \frac{1}{r^2 \sin\theta}\frac{\partial}{\partial \theta}\left( \sin\theta \frac{\partial}{\partial \theta} \right) + \frac{1}{r^2}\frac{1}{\sin^2\theta}\frac{\partial^2}{\partial \varphi^2} \quad (1\text{-}37)$$

所以，球坐标系下亥姆霍兹方程为

$$\frac{1}{r^2}\frac{\partial}{\partial r}\left[ r^2 \frac{\partial \psi(r,\theta,\varphi)}{\partial r} \right] + \frac{1}{r^2 \sin\theta}\frac{\partial}{\partial \theta}\left[ \sin\theta \frac{\partial \psi(r,\theta,\varphi)}{\partial \varphi^2} \right]$$
$$+ \frac{1}{r^2}\frac{1}{\sin^2\theta}\frac{\partial^2 \psi(r,\theta,\varphi)}{\partial \varphi^2} + k^2 \psi(r,\theta,\varphi) = 0 \quad (1\text{-}38)$$

利用分离变量法，令 $\psi(r,\theta,\varphi) = R(r)Y(\theta,\varphi)$，可得

$$Y(\theta,\varphi) = \sum_{l=0}^{\infty}\left[ a_{l0}\mathrm{P}_l(\cos\theta) + \sum_{n=1}^{l} a_{ln}\cos(n\varphi+\varphi_n)\mathrm{P}_l^{(n)}(\cos\theta) \right] \quad (1\text{-}39)$$

$$R(r) = A_l'\mathrm{j}_l(kr) + B_l'\mathrm{n}_l(kr) = A_l\mathrm{h}_l^{(1)}(kr) + B_l\mathrm{h}_l^{(2)}(kr) \quad (1\text{-}40)$$

式中，$a_{l0}$、$a_{ln}$、$A_l'$、$B_l'$ 为待求系数；$\mathrm{P}_l$ 为勒让德（Legendre）函数；$\mathrm{j}_l$ 为球贝塞尔函数；$\mathrm{n}_l$ 为球诺伊曼函数（第二类球贝塞尔函数）；$\mathrm{h}_l$ 为球汉克尔函数（第三类球贝塞尔函数），$\mathrm{h}_l^{(1)}$、$\mathrm{h}_l^{(2)}$ 分别为第一类和第二类球汉克尔函数。所以，球坐标系下亥姆霍兹方程的驻波场形式解为

$$\psi(r,\theta,\varphi) = R(r)Y(\theta,\varphi)$$
$$= \sum_{l=0}^{\infty}\left[ a_{l0}\mathrm{P}_l(\cos\theta) + \sum_{n=1}^{l} a_{ln}\cos(n\varphi+\varphi_n)\mathrm{P}_l^{(n)}(\cos\theta) \right]\left[ A_l\mathrm{j}_l(kr) + B_l\mathrm{n}_l(kr) \right]$$
$$(1\text{-}41)$$

行波场形式解为

$$\psi(r,\theta,\varphi) = R(r)Y(\theta,\varphi)$$

$$= \sum_{l=0}^{\infty} \left[ a_{l0} P_l(\cos\theta) + \sum_{n=1}^{l} a_{ln} \cos(n\varphi + \varphi_n) P_l^{(n)}(\cos\theta) \right] \left[ A_l' h_l^{(1)}(kr) + B_l' h_l^{(2)}(kr) \right]$$

（1-42）

## 1.2.4　亥姆霍兹积分方程的一般表示形式

假设一弹性体位于无限流体介质中，如图 1-1 所示。

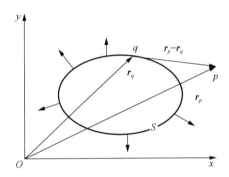

图 1-1　弹性体位于无限流体介质中示意图

图 1-1 中，$S$ 为弹性体表面，$p$ 为场点，$q$ 为振动体表面上的点。$S$ 面外无限均匀静态理想流体介质中的声场满足式（1-13），该方程的解可表示成积分形式，即声场中任一点 $p$ 的声压可表示成[4]

$$\alpha p(\boldsymbol{r}_p) = \iint_S \left[ p(\boldsymbol{r}_q) \frac{\partial G(\boldsymbol{r}_p, \boldsymbol{r}_q)}{\partial \boldsymbol{n}} - G(\boldsymbol{r}_p, \boldsymbol{r}_q) \frac{\partial p(\boldsymbol{r}_q)}{\partial \boldsymbol{n}} \right] \mathrm{d}S(\boldsymbol{r}_q)$$

（1-43）

式（1-43）即亥姆霍兹积分公式。式中，$\boldsymbol{r}_p$ 为原点指向场点的矢量；$\boldsymbol{r}_q$ 为原点指向振动体表面 $q$ 点的矢量；$\dfrac{\partial}{\partial \boldsymbol{n}}$ 为振动体表面外法向偏导数算符；$G(\boldsymbol{r}_p, \boldsymbol{r}_q)$ 为自由空间的格林函数，表达式为

$$G(\boldsymbol{r}_p, \boldsymbol{r}_q) = \frac{\mathrm{e}^{-jk|\boldsymbol{r}_p - \boldsymbol{r}_q|}}{4\pi |\boldsymbol{r}_p - \boldsymbol{r}_q|}$$

（1-44）

式（1-43）中的 $\alpha$ 取值与场点 $p$ 的位置有关，如下式所示：

$$\alpha(\boldsymbol{r}_p) = \begin{cases} 1, & \boldsymbol{r}_p \text{在} S \text{面外} \\ 0, & \boldsymbol{r}_p \text{在} S \text{面内} \\ 0.5, & \boldsymbol{r}_p \text{在} S \text{面上且} S \text{为平滑面} \\ \Omega, & \boldsymbol{r}_p \text{在} S \text{面上且} S \text{为非平滑面} \end{cases} \qquad （1\text{-}45）$$

当 $S$ 为非平滑面时，

$$\alpha(\boldsymbol{r}_p) = \begin{cases} 1 + \dfrac{1}{4\pi} \iint\limits_S \dfrac{\partial}{\partial \boldsymbol{n}} \left[ \dfrac{1}{R(\boldsymbol{r}_p, \boldsymbol{r}_q)} \right] \mathrm{d}S(\boldsymbol{r}_q), & \boldsymbol{r}_p \text{在} S \text{面上或在} S \text{面外} \\ -\dfrac{1}{4\pi} \iint\limits_S \dfrac{\partial}{\partial \boldsymbol{n}} \left[ \dfrac{1}{R(\boldsymbol{r}_p, \boldsymbol{r}_q)} \right] \mathrm{d}S(\boldsymbol{r}_q), & \boldsymbol{r}_p \text{在} S \text{面内} \end{cases} \qquad （1\text{-}46）$$

式中，$R(\boldsymbol{r}_p, \boldsymbol{r}_q) = \boldsymbol{r}_p - \boldsymbol{r}_q$。

对于单频声场而言，将关系式

$$\frac{\partial p}{\partial \boldsymbol{n}} = -\mathrm{j}\rho ck\boldsymbol{u}_n \qquad （1\text{-}47）$$

代入式（1-43），可以得到

$$\alpha p(\boldsymbol{r}_p) = \iint\limits_S \left[ p(\boldsymbol{r}_q) \frac{\partial G(\boldsymbol{r}_p, \boldsymbol{r}_q)}{\partial \boldsymbol{n}} + \mathrm{j}\rho ck\boldsymbol{u}_n(\boldsymbol{r}_q) G(\boldsymbol{r}_p, \boldsymbol{r}_q) \right] \mathrm{d}S(\boldsymbol{r}_q) \qquad （1\text{-}48）$$

式（1-48）便是结构表面声场与外部声场相互变换的基本关系式，也称为基尔霍夫-亥姆霍兹（Kirchhoff-Helmholtz）积分方程。

## 1.3 近场声全息变换的概念及存在的问题

### 1.3.1 近场声全息变换的概念与基本内涵

全息接收面与物体的距离 $d$ 远小于声波波长 $\lambda$（$d \ll \lambda$）时的全息技术称为近场声全息技术，它是 20 世纪 80 年代全息领域中脱颖而出的新技术，其出现对声全息技术的发展具有划时代意义。近场声全息变换是指，首先测量一个包围源的全息测量面上的全息声压，然后借助源表面和全息面之间的空间场变换关系，由全息面声压重建源面的声场[5]。

实际中，如果源尺寸较大，按照远场条件，测试距离会很大，而且远场测量带来的多途效应、衰减、噪声等都会降低准确度。因而若能在近场条件下利用场变换推出远场的辐射场指向性等将有很大实用价值。

近场声全息不仅可识别和定位噪声源，也可预测声源在声场中的辐射属性，因而它既是比声强测量技术优越的声源定位技术，也是拥有常规声辐射计算功能的声场预测技术。近场声全息技术已广泛用于噪声源的定位与识别，特别是低频场源特性的判别、散射体结构表面特性以及结构模态振动等的研究，还用于源辐射功率和大型结构远场指向性预报等。

此外，近场声全息是完全建立在声辐射理论（即声波的产生和传播理论）基础上的一种重要声源定位和声场可视化技术，它可为实际的噪声振动分析提供丰富的声源与声场信息，对于有效控制噪声源、研究噪声源的声辐射特性具有重要意义。近场声全息不仅可定位空间声源、分析声辐射能量的分布，还可提供其他的声场信息。而且声强测量技术中存在的近场效应误差、有限差分误差、相位不匹配误差等固有缺陷也决定了它在声源定位精度、适用范围等方面无法与近场声全息技术相比[6]。

## 1.3.2　近场声全息变换中存在的基本问题及其解决方法

任何实际的近场声全息系统在测量全息数据时，总会产生各种各样噪声信号与测量误差。例如，环境噪声、测量系统的电噪声、接收阵元与通道的不一致性、有限的接收孔径、信号采样间距过大、量化精度不足等。考虑到记录全息数据时，倏逝波成分经历了一个指数衰减过程，所以反演运算过程的这个指数放大器正好使其恢复到声源所在平面的"原始值"。但是测量全息数据时引入的噪声与误差并未经历传播过程中的指数衰减，在重建过程中却同样被指数放大，因此重建结果的信噪比大为降低，导致分辨率严重降低和重建结果不稳定。为提高近场声全息算法的稳定性与可靠性及其抗噪声干扰能力，应在重建之前尽量滤去这些噪声，这就要求在空间频率域或波数域先进行滤波处理。虽然近场声全息变换计算可通过滤波提高变换精度，但近场声全息测量也难免受到干扰。测量系统误差及各种环境干扰都将因格林函数的奇异性，在源面场的重建中被放大而影响重建效果。一般来说，空间频率域滤波函数的选择主要考虑倏逝波的指数衰减特性，即设法在尽量保留全息数据倏逝波成分的条件下滤除噪声[7]。

## 参 考 文 献

[1]　杨士莪. 船舶水下辐射噪声的机动检测[J]. 中国造船, 1998(S1): 63-67.

[2]　马大猷. 现代声学理论基础[M]. 北京: 科学出版社, 2004.

[3]　何祚镛, 赵玉芳. 声学理论基础[M]. 北京: 国防工业出版社, 1981.

[4]　何祚镛. 结构振动与声辐射[M]. 哈尔滨: 哈尔滨工程大学出版社, 2001.

[5]　Williams E G. Fourier Acoustics: Sound Radiation and Nearfield Acoustical Holography[M]. San Diego: Academic Press, 1999.

[6]　高旸. 近场声全息技术方法简介[J]. 现代物理知识, 2007(5): 39-42.

[7]　罗禹贡, 郑四发, 杨殿阁, 等. 基于倏逝波衰减特性的空间频域滤波器研究[J]. 声学技术, 2004(1): 54-56,66.

# 第 2 章　基于正交函数的近场声全息

水下弹性结构噪声源识别方法中，近场声全息技术对水下弹性结构表面源强度识别十分有效。近场声全息分为正交共形变换、非共形变换两种形式，其中正交共形变换主要是将声源近场声全息面上的复声压进行空间傅里叶变换，从空间域变换到波数域，再利用声场中的传递关系进行源面信息重建，这种方法在理论上易于理解，算法容易实现，应用较为广泛，目前基于此技术已形成了多种商业软件。平面全息变换技术由于算法及操作过程简单，尽管并不完全适用于表面形状复杂的声源识别问题，却仍然是全息变换技术中最具有代表性的，发展也比较成熟。由于水下航行器的结构大多数可以近似认为是长圆柱体，于是在进行水下结构噪声源识别方法研究时，柱面近场声全息变换技术是典型的正交变换算法之一。

## 2.1　平面-平面近场声全息变换

在平面 $z = z_\mathrm{S}$ 的狄利克雷（Dirichlet）边界条件和诺伊曼边界条件下，如果 $z > z_\mathrm{S}$ 的空间为自由场，则亥姆霍兹积分方程的解分别为如下卷积积分形式[1]：

$$p\left(x, y, z_\mathrm{H}\right) = \iint_S p_\mathrm{D}\left(x', y', z_\mathrm{S}\right) g_\mathrm{D}\left(x - x', y - y', z_\mathrm{H} - z_\mathrm{S}\right) \mathrm{d}x' \mathrm{d}y' \tag{2-1}$$

$$p\left(x, y, z_\mathrm{H}\right) = \iint_S p_\mathrm{N}\left(x', y', z_\mathrm{S}\right) g_\mathrm{N}\left(x - x', y - y', z_\mathrm{H} - z_\mathrm{S}\right) \mathrm{d}x' \mathrm{d}y' \tag{2-2}$$

式中，$\iint_S$ 表示积分在无穷大的平面 $z = z_\mathrm{S}$ 上进行；下标 S 和 H 分别表示重建面和全息面；$p_\mathrm{D}\left(x, y, z_\mathrm{S}\right)$ 和 $p_\mathrm{N}\left(x, y, z_\mathrm{S}\right)$ 分别对应面上声压狄利克雷边界条件和诺伊曼边界条件：

$$p_\mathrm{D}\left(x, y, z\right) = p\left(x, y, z\right)\big|_{z=z_\mathrm{S}} \tag{2-3}$$

$$p_\mathrm{N}\left(x, y, z\right) = \mathrm{j}\frac{\partial p\left(x, y, z\right)}{\partial z}\bigg|_{z=z_\mathrm{S}} \tag{2-4}$$

由式（2-3）和式（2-4）可知，$p_\mathrm{D}\left(x, y, z_\mathrm{S}\right)$ 实际上就是面上的声压，而 $p_\mathrm{N}\left(x, y, z_\mathrm{S}\right)$ 与声压的 $z$ 向导数有关。

$g_D$ 和 $g_N$ 分别对应于狄利克雷边界条件和诺伊曼边界条件下无穷大平面的格林函数：

$$g_D\left(x-x', y-y', z-z'\right) = \frac{(z-z')(1-jkR)e^{jkR}}{2\pi R^3} \qquad (2\text{-}5)$$

$$g_N\left(x-x', y-y', z-z'\right) = \frac{je^{jkR}}{2\pi R} \qquad (2\text{-}6)$$

式中，$R = \sqrt{(x-x')^2 + (y-y')^2 + (z-z')^2}$。

对于式（2-1）和式（2-2）的求解，由于两式均为卷积方程，可采用傅里叶变换，分别对式（2-1）和式（2-2）两边取空间傅里叶变换，将空域卷积化为波数域中角谱的乘积：

$$P\left(k_x, k_y, z_H\right) = P_D\left(k_x, k_y, z_S\right)G_D\left(k_x, k_y, z_H - z_S\right) \qquad (2\text{-}7)$$

$$P\left(k_x, k_y, z_H\right) = P_N\left(k_x, k_y, z_S\right)G_N\left(k_x, k_y, z_H - z_S\right) \qquad (2\text{-}8)$$

式中，$P\left(k_x, k_y, z_H\right)$ 为声压 $p\left(x, y, z_H\right)$ 的空间傅里叶变换；$P_D\left(k_x, k_y, z_S\right)$ 和 $P_N\left(k_x, k_y, z_S\right)$ 分别为边界条件 $p_D\left(x, y, z_S\right)$ 和 $p_N\left(x, y, z_S\right)$ 的空间傅里叶变换；$G_D\left(k_x, k_y, z\right)$ 和 $G_N\left(k_x, k_y, z\right)$ 为对应的格林函数傅里叶变换，解析表达式为

$$G_D\left(k_x, k_y, z\right) = e^{jk_z z} \qquad (2\text{-}9)$$

$$G_N\left(k_x, k_y, z\right) = e^{jk_z z} / k_z \qquad (2\text{-}10)$$

由式（2-4）可知，$P_N\left(k_x, k_y\right)$ 与 $z = 0$ 平面上 $z$ 向质点振速的空间傅里叶变换 $V_z\left(k_x, k_y\right)$ 之间的关系为

$$P_N\left(k_x, k_y\right) = V_z\left(k_x, k_y\right)\rho_0 c_0 k \qquad (2\text{-}11)$$

将式（2-5）和式（2-11）代入式（2-7）和式（2-8），可分别得到

$$P\left(k_x, k_y, z_H\right) = P\left(k_x, k_y, z_S\right)G_D\left(k_x, k_y, z_H - z_S\right) \qquad (2\text{-}12)$$

$$P\left(k_x, k_y, z_H\right) = \rho_0 c_0 k V_z\left(k_x, k_y, z_S\right)G_N\left(k_x, k_y, z_H - z_S\right) \qquad (2\text{-}13)$$

式（2-12）和式（2-13）分别建立了全息面声压角谱 $P\left(k_x, k_y, z_H\right)$ 与重建面声压角谱 $P\left(k_x, k_y, z_S\right)$ 和 $z$ 向振速角谱 $V\left(k_x, k_y, z_S\right)$ 之间的数学关系。对式（2-12）和式（2-13）两边进行空间傅里叶逆变换可得

$$p(x,y,z_{\mathrm{H}}) = F_x^{-1}F_y^{-1}\left\{F_xF_y\left[p(x,y,z_{\mathrm{S}})\right]G_{\mathrm{D}}(x,y,z_{\mathrm{H}}-z_{\mathrm{S}})\right\} \tag{2-14}$$

$$p(x,y,z_{\mathrm{H}}) = \rho_0c_0kF_x^{-1}F_y^{-1}\left\{F_xF_y\left[v_z(x,y,z_{\mathrm{S}})\right]G_{\mathrm{N}}(x,y,z_{\mathrm{H}}-z_{\mathrm{S}})\right\} \tag{2-15}$$

由式（2-14）和式（2-15）可知：由于 $z_{\mathrm{H}} > z_{\mathrm{S}}$，如果已知 $z_{\mathrm{H}} = z_{\mathrm{S}}$ 平面上的声压或 $z$ 向质点振速，则可计算出距离声源更远处 $z = z_{\mathrm{H}}$ 平面上的声压，这便是近场声全息的预测过程，式（2-14）与式（2-15）即平面近场声全息的基本预测公式[2]。

反之，如果将式（2-12）和式（2-13）变形为如下形式：

$$P_{\mathrm{D}}(k_x,k_y,z_{\mathrm{S}}) = P(k_x,k_y,z_{\mathrm{H}})G_{\mathrm{D}}^{-1}(k_x,k_y,z_{\mathrm{H}}-z_{\mathrm{S}}) \tag{2-16}$$

$$V_z(k_x,k_y,z_{\mathrm{S}}) = \frac{1}{\rho_0c_0}P(k_x,k_y,z_{\mathrm{H}})G_{\mathrm{N}}^{-1}(k_x,k_y,z_{\mathrm{H}}-z_{\mathrm{S}}) \tag{2-17}$$

则可通过 $z = z_{\mathrm{H}}$ 的声压数据重建到 $z = z_{\mathrm{S}}$ 面上的声压和 $z$ 向质点振速。此时，可以得到平面近场声全息的基本公式：

$$p(x,y,z_{\mathrm{S}}) = F_x^{-1}F_y^{-1}\left\{F_xF_y\left[p(x,y,z_{\mathrm{H}})\right]G_{\mathrm{D}}^{-1}(k_x,k_y,z_{\mathrm{H}}-z_{\mathrm{S}})\right\} \tag{2-18}$$

$$v_z(x,y,z_{\mathrm{S}}) = \frac{1}{\rho_0c_0k}F_x^{-1}F_y^{-1}\left\{F_xF_y\left[p(x,y,z_{\mathrm{H}})\right]G_{\mathrm{N}}^{-1}(k_x,k_y,z_{\mathrm{H}}-z_{\mathrm{S}})\right\} \tag{2-19}$$

显然，根据基本重建、预测公式还可以实现声强等其他声学量的重建和预测。

近场声全息基本预测和重建公式中各函数都是连续的，但是在近场声全息实现过程中，全息面声压的测量只能在全息面上离散点处进行，因此需要将平面近场声全息基本公式离散化。首先需对式中的连续傅里叶变换进行离散化。对于 $(2M+1) \times (2N+1)$ 点的离散空间傅里叶变换可记为

$$F(m,n) = \sum_{v=-N}^{N}\sum_{u=-M}^{M}f(u,v)W_{2M+1}^{um}W_{2N+1}^{vn} \tag{2-20}$$

式中，$W_{2M+1}^{um} = \mathrm{e}^{-\mathrm{j}2\pi um/(2M+1)}$；$W_{2N+1}^{vn} = \mathrm{e}^{-\mathrm{j}2\pi vn/(2N+1)}$。

相应的逆变换为

$$f(u,v) = \frac{1}{(2M+1)(2N+1)}\sum_{n=-N}^{N}\sum_{m=-M}^{M}F(m,n)W_{2M+1}^{-um}W_{2N+1}^{-vn} \tag{2-21}$$

假设全息面 $z = z_{\mathrm{H}}$、重建面 $z = z_{\mathrm{S}}$、预测面 $z = z_{\mathrm{F}}$ 和声源面 $z = 0$ 的分布如图 2-1 所示。

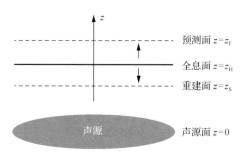

图 2-1　各平面位置示意图

　　首先进行全息面声压的空域离散。设全息面 $z_H$ 大小为 $L_x \times L_y$，$x$、$y$ 方向采样间隔分别为 $\varDelta_x$、$\varDelta_y$，则全息面上的测点数为 $(2M+1) \times (2N+1)$，其中 $2M+1 = L_x / \varDelta_x$，$2N+1 = L_y / \varDelta_y$。如用 $p\left(u\varDelta_x, v\varDelta_y, z_H\right)$ $(-M \leqslant u \leqslant M, -N \leqslant v \leqslant N)$ 表示全息面 $z_H$ 上获得的 $(2M+1) \times (2N+1)$ 点声压，则 $p\left(u\varDelta_x, v\varDelta_y, z_H\right)$ 经离散奈奎斯特变换后所得声压角谱必然也是离散的，因此需对声压角谱进行波数域离散，根据奈奎斯特采样定理，全息面声压在 $x$、$y$ 方向空间采样间隔分别为 $\varDelta_x$、$\varDelta_y$ 的情况下，波数域中不发生混叠的最高波数分别为

$$k_{x\max} = \frac{\pi}{\varDelta_x}, \quad k_{y\max} = \frac{\pi}{\varDelta_y} \tag{2-22}$$

则波数域中有效波数范围为 $-\dfrac{\pi}{\varDelta_x} \leqslant k_x \leqslant \dfrac{\pi}{\varDelta_x}$，$-\dfrac{\pi}{\varDelta_y} \leqslant k_y \leqslant \dfrac{\pi}{\varDelta_y}$。由于全息面上的测量声压经过离散空间傅里叶变换后仍为 $(2M+1) \times (2N+1)$ 点数据，则波数域中 $k_x$、$k_y$ 方向间隔为

$$\Delta k_x = \frac{\dfrac{\pi}{\varDelta_x} - \left(-\dfrac{\pi}{\varDelta_x}\right)}{2M} = \frac{2\pi}{L_x}, \quad \Delta k_y = \frac{\dfrac{\pi}{\varDelta_y} - \left(-\dfrac{\pi}{\varDelta_y}\right)}{2N} = \frac{2\pi}{L_y} \tag{2-23}$$

由此，经离散空间傅里叶变换获得的角谱为

$$P\left(m\Delta k_x, n\Delta k_y\right) = F_x F_y \left[ p\left(u\varDelta_x, v\varDelta_y\right) \right] \tag{2-24}$$

式中，$-M \leqslant m \leqslant M$；$-N \leqslant n \leqslant N$。

　　对于预测过程，传递算子 $G_D$ 和 $G_N$ 需根据波数划分情况进行离散：

$$G_D\left(m\Delta k_x, n\Delta k_y, z_F - z_H\right) = \mathrm{e}^{jk_z(z_F - z_H)} \tag{2-25}$$

$$G_{\mathrm{N}}\left(m\Delta k_x, n\Delta k_y, z_{\mathrm{F}} - z_{\mathrm{H}}\right) = \mathrm{e}^{\mathrm{j}k_z(z_{\mathrm{F}}-z_{\mathrm{H}})} / k_z \qquad (2\text{-}26)$$

式中，$k_z$ 是离散波数序列 $m\Delta k_x$、$n\Delta k_y$ 的函数。

综上可得，离散后的基本预测公式为

$$p\left(u\Delta_x, v\Delta_y, z_{\mathrm{F}}\right) = F_x^{-1}F_y^{-1}\left\{F_xF_y\left[p\left(u\Delta_x, v\Delta_y, z_{\mathrm{H}}\right)\right]G_{\mathrm{D}}\left(m\Delta k_x, n\Delta k_y, z_{\mathrm{F}} - z_{\mathrm{H}}\right)\right\} \quad (2\text{-}27)$$

$$\boldsymbol{v}\left(u\Delta_x, v\Delta_y, z_{\mathrm{F}}\right) = \rho_0 c_0 k F_x^{-1}F_y^{-1}\left\{F_xF_y\left[p\left(u\Delta_x, v\Delta_y, z_{\mathrm{H}}\right)\right]G_{\mathrm{N}}\left(m\Delta k_x, n\Delta k_y, z_{\mathrm{F}} - z_{\mathrm{H}}\right)\right\}$$

$$(2\text{-}28)$$

同理，对于重建过程离散后的逆传递算子 $G_{\mathrm{D}}^{-1}$ 和 $G_{\mathrm{N}}^{-1}$ 分别为

$$G_{\mathrm{D}}^{-1}\left(m\Delta k_x, n\Delta k_y, z_{\mathrm{H}} - z_{\mathrm{S}}\right) = \mathrm{e}^{-\mathrm{j}k_z(z_{\mathrm{H}}-z_{\mathrm{S}})} \qquad (2\text{-}29)$$

$$G_{\mathrm{N}}^{-1}\left(m\Delta k_x, n\Delta k_y, z_{\mathrm{H}} - z_{\mathrm{S}}\right) = k_z\mathrm{e}^{-\mathrm{j}k_z(z_{\mathrm{H}}-z_{\mathrm{S}})} \qquad (2\text{-}30)$$

则离散后的基本重建公式为

$$p\left(u\Delta_x, v\Delta_y, z_{\mathrm{S}}\right) = F_x^{-1}F_y^{-1}\left\{F_xF_y\left[p\left(u\Delta_x, v\Delta_y, z_{\mathrm{H}}\right)\right]G_{\mathrm{D}}^{-1}\left(m\Delta k_x, n\Delta k_y, z_{\mathrm{H}} - z_{\mathrm{S}}\right)\right\}$$

$$(2\text{-}31)$$

$$\boldsymbol{v}_z\left(u\Delta_x, v\Delta_y, z_{\mathrm{S}}\right) = \frac{1}{\rho_0 c_0 k} F_x^{-1}F_y^{-1}\left\{F_xF_y\left[p\left(u\Delta_x, v\Delta_y, z_{\mathrm{H}}\right)\right]G_{\mathrm{N}}^{-1}\left(m\Delta k_x, n\Delta k_y, z_{\mathrm{H}} - z_{\mathrm{S}}\right)\right\}$$

$$(2\text{-}32)$$

# 2.2　柱面-柱面近场声全息变换

平面近场声全息可以重建平面声源表面的声压和法向振速分布，因此可以方便地运用于平面声源的识别与分析。但平面近场声全息只能实现空间中平面间的声场变换，因此仅适用于平面声源结构。对于非平面声源，采用平面近场声全息变换时，只能获得"虚拟源"表面上的等效平面声源在重构面上产生的声场分布，而无法获知非平面声源表面真实的声场分布，从而影响对非平面声源的准确识别与分析。

如果声源为柱状结构，则可以采用柱面近场声全息获得声源表面的真实声场分布。

由 1.2 节可知，柱面声辐射的通解为

$$p\left(r, \phi, z\right) = \sum_{n=-\infty}^{+\infty} \mathrm{e}^{\mathrm{j}n\phi} \frac{1}{2\pi} \int_{-\infty}^{+\infty} D_1\left(k_z\right) \mathrm{H}_n^{(1)}\left(k_r r\right) \mathrm{e}^{\mathrm{j}k_z z} \mathrm{d}k_z \qquad (2\text{-}33)$$

对 $p(r,\phi,z)$ 做空间傅里叶变换，可得

$$P_n(r,k_z) = \frac{1}{2\pi}\int_0^{2\pi}\mathrm{d}\phi\int_{-\infty}^{+\infty}p(r,\phi,z)\mathrm{e}^{-\mathrm{j}n\phi}\mathrm{e}^{-\mathrm{j}k_z z}\mathrm{d}z \tag{2-34}$$

由于柱坐标系下 $\phi$ 范围为 $0\sim 2\pi$，经延拓后具有周期性，因此函数 $g(\phi)$ 的傅里叶级数存在如下关系[3]：

$$G_n = \frac{1}{2\pi}\int_0^{2\pi}g(\phi)\mathrm{e}^{-\mathrm{j}n\phi}\mathrm{d}\phi \tag{2-35}$$

$$g(\phi) = \sum_{n=-\infty}^{n=\infty}G_n\mathrm{e}^{\mathrm{j}n\phi} \tag{2-36}$$

如果将 $\int_{-\infty}^{\infty}p(r,\phi,z)\mathrm{e}^{-\mathrm{j}k_z z}\mathrm{d}z$ 整体视作 $g(\phi)$，则由式（2-35）可知，将式（2-34）对 $\phi$ 的傅里叶变换改为对 $\phi$ 求傅里叶级数后，式（2-34）的形式变为

$$P_n(r,k_z) = \frac{1}{2\pi}\int_0^{2\pi}\mathrm{e}^{-\mathrm{j}n\phi}\mathrm{d}\phi\int_{-\infty}^{\infty}p(r,\phi,z)\mathrm{e}^{-\mathrm{j}k_z z}\mathrm{d}z \tag{2-37}$$

因此，实际中只需对 $p(r,\phi,z)$ 进行空间傅里叶变换即可得到 $P_n(r,k_z)$。

由式（2-36）可知，式（2-37）的逆变换可写为

$$p(r,\phi,z) = \sum_{n=-\infty}^{n=\infty}\mathrm{e}^{\mathrm{j}n\phi}\frac{1}{2\pi}\int_{-\infty}^{\infty}P_n(r,k_z)\mathrm{e}^{\mathrm{j}k_z z}\mathrm{d}k_z \tag{2-38}$$

可得

$$P_n(r,k_z) = D_1(k_z)\mathrm{H}_n^{(1)}(kr) \tag{2-39}$$

解出 $D_1(k_z)$ 代入通解可得

$$p(r,\phi,z) = \sum_{n=-\infty}^{n=\infty}\mathrm{e}^{\mathrm{j}n\phi}\frac{1}{2\pi}\int_{-\infty}^{\infty}P_n(a,k_z)\mathrm{e}^{\mathrm{j}k_z z}\frac{\mathrm{H}_n^{(1)}(k_r r)}{\mathrm{H}_n^{(2)}(k_r a)}\mathrm{d}k_z \tag{2-40}$$

式中，$a$ 为桩状结构声源的半径。

考虑在分析域内的两个柱面 $r=r_\mathrm{H}$、$r=r_\mathrm{S}$（$r_\mathrm{S}\neq r_\mathrm{H}$），已知其中 $r=r_\mathrm{H}$ 面上的声压为 $p(r_\mathrm{H},\phi,z)$，希望求得重建面 $r=r_\mathrm{S}$ 上的声压 $p(r_\mathrm{S},\phi,z)$。

由式（2-34），声压 $p(r_\mathrm{H},\phi,z)$ 经空间傅里叶变换获得其柱面波谱为

$$P_n(r_\mathrm{H},k_z) \equiv F_\phi F_z\left[p(r_\mathrm{H},\phi,z)\right] \tag{2-41}$$

式中，$F_\phi F_z$ 表示参数 $\phi$ 和 $z$ 的空间傅里叶变换。可得 $r=r_\mathrm{S}$ 柱面上的柱面波谱为

$$P_n(r_S, k_z) = \frac{H_n^{(1)}(k_r r_S)}{H_n^{(1)}(k_r r_H)} P_n(r_H, k_z) \tag{2-42}$$

获得 $P_n(r_S, k_z)$ 后进行空间傅里叶逆变换，即可获得 $r = r_S$ 上的声压场为

$$p(r_S, \phi, z) = F_\phi^{-1} F_z^{-1} [P_n(r_S, k_z)] \tag{2-43}$$

式中，$F_\phi^{-1} F_z^{-1}$ 表示对参数 $\phi$ 和 $z$ 的空间傅里叶逆变换。

综合式（2-41）～式（2-43）可得柱面近场声全息面声压计算公式为

$$p(r_S, \phi, z) = F_\phi^{-1} F_z^{-1} \left\{ \frac{H_n^{(1)}(k_r r_S)}{H_n^{(1)}(k_r r_H)} F_\phi F_z [p(r_H, \phi, z)] \right\} \tag{2-44}$$

式（2-44）为柱面近场声全息面声压变换公式。值得一提的是，由于 $r_H$ 和 $r_S$ 的相对大小关系不同，对应不同的全息过程：当 $r_H > r_S$ 时，对应重建过程；当 $r_H < r_S$ 时，对应预测过程。虽然两个过程的计算公式相同，但与平面近场声全息类似，重建是逆问题，预测是正问题，具有不同的数学性态。

由欧拉（Euler）公式，还可以得到 $r = r_S$ 柱面上的径向质点振速 $v_n(r_S, \phi, z)$ 同该面上声压之间的关系为

$$V_n(r_S, k_z) = \frac{1}{j\rho_0 c_0 k} \frac{\partial P_n(r_S, k_z)}{\partial r} \tag{2-45}$$

式中，$V_n(r_S, k_z)$ 是径向质点振速 $v_n(r_S, \phi, z)$ 的空间傅里叶变换。

将式（2-45）代入式（2-44）可以得到 $r = r_S$ 柱面上的径向振速计算公式为

$$v_n(r_S, \phi, z) = F_\phi^{-1} F_z^{-1} \left\{ \frac{k_r}{j\rho_0 c_0 k} \frac{H_n'^{(1)}}{H_n^{(1)}} F_\phi F_z [p(r_H, \phi, z)] \right\} \tag{2-46}$$

式中，$H_n'^{(1)}$ 为第一类柱汉克尔函数的导数。

式（2-44）和式（2-46）是柱面近场声全息重建的基本公式。柱面近场声全息的计算过程如下：首先利用式（2-41）对全息面上测得的声压 $p(r_H, \phi, z)$ 做空间傅里叶变换；再利用式（2-44）和式（2-46）得到重建面上的声压和径向振速的空间傅里叶变换；最后通过傅里叶逆变换即可得到重建面上的声压和振速，获得重建面上的声压和振速后还可以求出重建柱面上的声强分布等二阶声学量。

上述柱面近场声全息的基本公式是建立在柱面上连续采样基础上的，然而实际测量只能在有限的离散点上进行，因此柱面近场声全息在实际实现过程中也需要对式（2-44）和式（2-46）进行离散化。柱面近场声全息的测量如图 2-2 所示。半径 $r_H$ 的柱面为全息面，全息面沿轴向的长度为 $2L$，全息面展开后如图 2-2 所示。

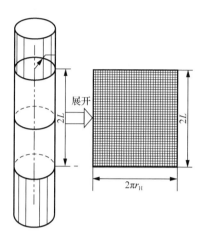

图 2-2　柱面全息测量示意图

　　如图 2-2 所示，全息面上轴向的测点间距为 $\Delta z = 2L/(2M+1)$；周向测量的间隔角度为 $\Delta\phi = 2\pi/(2N+1)$，其中 $M$、$N$ 为正整数，则全息面上获得 $(2M+1)\times(2N+1)$ 点离散声压，并可表示为 $p(r_{\mathrm{H}}, n\Delta\phi, m\Delta z)$，$-N \leqslant n \leqslant N$，$-M \leqslant m \leqslant M$。

　　那么，$P_n(r_{\mathrm{H}}, k_z)$ 可以近似表示为全息面声压 $p(r_{\mathrm{H}}, n\Delta\phi, m\Delta z)$ 的离散空间傅里叶变换：

$$\hat{P}_n(r_{\mathrm{H}}, \mathrm{j}\Delta k_z) = \Delta z \Delta\phi \sum_{n=-N}^{N} \sum_{m=-M}^{M} p(r_{\mathrm{H}}, n\Delta\phi, m\Delta z) W_{2M+1}^{um} W_{2N+1}^{vn} \tag{2-47}$$

式中，$m$ 和 $u$ 均为从 $-M$ 到 $M$ 的整数；$n$ 和 $v$ 均为从 $-N$ 到 $N$ 的整数；$\Delta k_z = \pi/L$。由离散化的 $\hat{P}_n(r_{\mathrm{H}}, \mathrm{j}\Delta k_z)$ 和式（2-42），可以得到源面上声压柱面波谱近似为

$$\hat{P}_n(r_{\mathrm{S}}, \mathrm{j}\Delta k_z) = \frac{\mathrm{H}_n^{(1)}\left(\sqrt{k^2 - (m\Delta k_z)^2}\, r_{\mathrm{S}}\right)}{\mathrm{H}_n^{(1)}\left(\sqrt{k^2 - (m\Delta k_z)^2}\, r_{\mathrm{H}}\right)} \hat{P}_n(r_{\mathrm{H}}, m\Delta k_z) \tag{2-48}$$

于是，通过离散空间傅里叶逆变换可以得到重建面上离散点处的声压为

$$p(r_{\mathrm{S}}, n\Delta\phi, m\Delta z) = \frac{1}{4\pi L} \sum_{v=-N}^{N} \sum_{u=-M}^{M} \hat{P}_n(r_{\mathrm{S}}, \mathrm{j}\Delta k_z) W_{2M+1}^{-um} W_{2N+1}^{-vn} \tag{2-49}$$

　　由离散化的实现公式（2-47）～式（2-49）便可进行柱面近场声全息变换，得到重建面或预测面上的声压。

## 2.3　球面-球面近场声全息变换

对于一般球形辐射声场的研究，显然采用如图 2-3 所示的球坐标系更加方便。

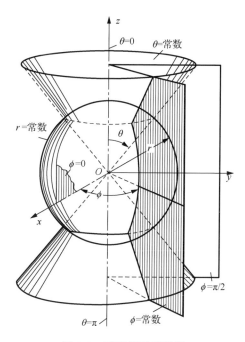

图 2-3　球坐标系示意图

球坐标系下，理想流体介质中由微小扰动形成稳态声场，其在无限域中引起的声辐射问题可以由亥姆霍兹方程描述为[4]

$$\frac{1}{r^2}\frac{\partial}{\partial r}\left(r^2\frac{\partial p}{\partial r}\right)+\frac{1}{r^2\sin\theta}\frac{\partial}{\partial\theta}\left(\sin\theta\frac{\partial p}{\partial\theta}\right)+\frac{1}{r^2\sin^2\theta}\frac{\partial^2 p}{\partial\phi^2}+k^2p=0 \qquad （2\text{-}50）$$

球坐标系中亥姆霍兹方程的一般解可表示为

$$p\left(r,\theta,\phi\right)=\sum_{n=0}^{\infty}\sum_{m=0}^{\infty}\left[A_{nm}\mathrm{h}_n^{(1)}\left(kr\right)+B_{nm}\mathrm{h}_n^{(2)}\left(kr\right)\right]\left[\varPhi_1\cos\left(m\phi\right)+\varPhi_2\sin\left(m\phi\right)\right]P_n^m\left(\cos\theta\right)$$

$$（2\text{-}51）$$

式中，$A_{nm}$ 和 $B_{nm}$ 为任意常数。

如果将式（2-51）中反映声压随角度变化的部分单独分离出来写成一个统一的函数，考虑到

$$\cos\left(m\phi\right) = \frac{e^{jm\phi} + e^{-jm\phi}}{2} , \ \sin\left(m\phi\right) = \frac{e^{jm\phi} - e^{-jm\phi}}{2} \tag{2-52}$$

则式（2-51）可写为更简洁的形式：

$$p\left(r,\theta,\phi\right) = \sum_{n=0}^{\infty} \sum_{m=-n}^{n} \left[ C_{nm} h_n^{(1)}\left(kr\right) + D_{nm} h_n^{(2)}\left(kr\right) \right] Y_n^m\left(\theta,\phi\right) \tag{2-53}$$

式中，$C_{nm}$ 和 $D_{nm}$ 为任意常数；$Y_n^m\left(\theta,\phi\right)$ 为归一化的球谐函数，它是角度 $\theta$、$\phi$ 的函数，反映了球面上声压随角度的变化，

$$Y_n^m\left(\theta,\phi\right) = \sqrt{\frac{\left(2n+1\right)\left(n-m\right)!}{4\pi\left(n+m\right)!}} P_n^m\left(\cos\theta\right) e^{jm\phi} \tag{2-54}$$

式（2-53）描述的是球坐标系下声传播的一般过程，其中既包含向外扩散的球面波，也包含向中心汇聚的球面波。这两种不同的传播过程对应了球坐标系下两类不同的声辐射问题——外问题和内问题。

由于第一类球汉克尔函数描述的是向外扩展的球面波，因此当描述外问题中声压场时，式（2-53）变为

$$p\left(r,\theta,\phi\right) = \sum_{n=0}^{\infty} \sum_{m=-n}^{n} C_{nm} h_n^{(1)}\left(kr\right) Y_n^m\left(\theta,\phi\right) \tag{2-55}$$

式中，$C_{nm}$ 为球面波展开系数。

由式（2-55）可知，外问题中任何具体声源产生的空间声场总可以展开成一系列不同阶次的第一类球汉克尔函数与球谐波函数乘积的加权和。当展开系数 $C_{nm}$ 确定后，外问题中声源的辐射声场也就完全确定了。为确定展开系数 $C_{nm}$，假设已知半径为 $r$ 的球面上的声压场为 $p\left(r,\theta,\phi\right)$，它对应一个确定的展开系数。

由于球谐函数具有正交性，有

$$\int_0^{2\pi} d\phi \int_0^{\pi} Y_n^m\left(\theta,\phi\right) Y_{n'}^{m'}\left(\theta,\phi\right)^* \sin\theta d\theta = \delta_{nn'}\delta_{mm'} \tag{2-56}$$

式中，上标"∗"表示取共轭。

将式（2-56）两边同乘 $Y_{n'}^{m'}\left(\theta,\phi\right)^*$，并在一个单位球面 $S$ 上积分，即可以求解出展开系数 $C_{nm}$：

$$C_{nm} = \frac{1}{h_n^{(1)}\left(kr\right)} \iint_S p\left(r,\theta,\phi\right) Y_n^m\left(\theta,\phi\right)^* \sin\theta d\theta d\phi \tag{2-57}$$

由于外问题和内问题的计算公式非常相似，区别仅在于所采用的特殊函数不

同，因此这里仅以外问题为例研究球面近场声全息的算法过程，所得的结论同样适用于内问题。

为了与平面近场声全息、柱面近场声全息具有统一的形式，需定义球面上的空间傅里叶变换。将 $Y_n^m(\theta,\phi)$ 看作展开函数，则球面上的空间傅里叶变换定义为

$$P_{nm}(r) \equiv \iint_S p(r,\theta,\phi) Y_n^m(\theta,\phi)^* \sin\theta \mathrm{d}\theta \mathrm{d}\phi \qquad (2\text{-}58)$$

这样，类比于平面全息中的角谱和柱面全息中的柱面波谱，可将 $P_{nm}(r)$ 称作半径为 $r$ 的球面上的第 $(n,m)$ 阶声压球面波谱。

由式（2-57），$P_{nm}(r)$ 与 $C_{nm}$ 存在下述关系：

$$P_{nm}(r) = \mathrm{h}_n^{(1)}(kr) C_{nm} \qquad (2\text{-}59)$$

将式（2-59）代入式（2-57）可得

$$p(r,\theta,\phi) = \sum_{n=0}^{\infty} \sum_{m=-n}^{n} P_{nm}(r) Y_n^m(\theta,\phi) \qquad (2\text{-}60)$$

式（2-60）实现了球面波谱到空域声压的变换，与式（2-58）组成了球面上的空间傅里叶变换对，因此式（2-60）为球面上的空间傅里叶逆变换公式。

下面利用球面上的空间傅里叶变换对推导球面近场声全息理论公式。假设分析域中存两个半径分别为 $r_\mathrm{H}$ 和 $r_\mathrm{S}$（$r_\mathrm{H} \neq r_\mathrm{S}$）的任意球面，其中半径为 $r_\mathrm{H}$ 的全息面上的声压 $p(r_\mathrm{H},\theta,\phi)$ 已知，则可得半径为 $r_\mathrm{H}$ 的球面上的声压球面波谱 $P_{nm}(r_\mathrm{H})$ 为

$$P_{nm}(r_\mathrm{H}) = \iint_S p(r_\mathrm{H},\theta,\phi) Y_n^m(\theta,\phi)^* \sin\theta \mathrm{d}\theta \mathrm{d}\phi \qquad (2\text{-}61)$$

并且根据式（2-59），$P_{nm}(r_\mathrm{H})$ 与 $C_{nm}$ 存在如下关系：

$$P_{nm}(r_\mathrm{H}) = \mathrm{h}_n^{(1)}(kr_\mathrm{H}) C_{nm} \qquad (2\text{-}62)$$

同理，半径为 $r_\mathrm{S}$ 的球面（重建面或预测面）上声压场 $p(r_\mathrm{S},\theta,\phi)$ 与该球面上声压球面波谱 $P_{nm}(r_\mathrm{S})$ 之间也存在着与式（2-59）相同的关系：

$$P_{nm}(r_\mathrm{S}) = \mathrm{h}_n^{(1)}(kr_\mathrm{S}) C_{nm} \qquad (2\text{-}63)$$

由于两球面位于同一声场中，$C_{nm}$ 必然相同，因此解出 $C_{nm}$ 代入式（2-63）可得

$$P_{nm}(r_\mathrm{S}) = \frac{\mathrm{h}_n^{(1)}(kr_\mathrm{S})}{\mathrm{h}_n^{(1)}(kr_\mathrm{H})} P_{nm}(r_\mathrm{H}) \qquad (2\text{-}64)$$

获得所有阶的 $P_{nm}(r_{\mathrm{S}})$ 后按式（2-60）进行空间傅里叶逆变换，即得半径为 $r_{\mathrm{S}}$ 的球面上的空域声压 $p(r_{\mathrm{S}},\theta,\phi)$，从而实现球面间空间声场的全息变换：

$$p(r_{\mathrm{S}},\theta,\phi) = \sum_{n=0}^{\infty}\sum_{m=-n}^{n} P_{nm}(r_{\mathrm{H}}) \frac{\mathrm{h}_n^{(1)}(kr_{\mathrm{S}})}{\mathrm{h}_n^{(1)}(kr_{\mathrm{H}})} Y_n^m(\theta,\phi) \qquad (2\text{-}65)$$

根据欧拉公式，结合式（2-65），还可以求出半径为 $r_{\mathrm{S}}$ 的球面上的径向振速 $v_n(r_{\mathrm{S}},\theta,\phi)$ 为

$$v_n(r_{\mathrm{S}},\theta,\phi) = \frac{1}{\mathrm{j}\rho_0 c_0} \sum_{n=0}^{\infty}\sum_{m=-n}^{n} P_{nm}(r_{\mathrm{H}}) \frac{\mathrm{h}_n'^{(1)}(kr_{\mathrm{S}})}{\mathrm{h}_n'^{(1)}(kr_{\mathrm{H}})} Y_n^m(\theta,\phi) \qquad (2\text{-}66)$$

式（2-65）和式（2-66）分别是球面近场声全息的声压和径向振速重建（或预测）公式。

下面讨论球面近场声全息的实现过程。首先测量半径为 $r_{\mathrm{H}}$ 的全息面上的声压。设沿 $\theta$ 和 $\phi$ 方向的测量间隔分别为 $\Delta\theta = 2\pi/N$ 和 $\Delta\phi = 2\pi/M$，$M$ 和 $N$ 为正整数，获得全息面上离散点处的声压 $p(r_{\mathrm{H}},u\Delta\theta,v\Delta\phi), 0\leqslant u\leqslant N, 0\leqslant v\leqslant M$，然后计算全息面各阶球面波谱。为此，进行有限离散化，通过离散空间傅里叶变换获得到全息面声压球面波谱的近似值：

$$\hat{P}_{nm}(r_{\mathrm{H}}) = \sum_{u=0}^{N}\sum_{v=0}^{M} \left[ p(r_{\mathrm{H}},u\Delta\theta,v\Delta\phi) Y_n^m(u\Delta\theta,v\Delta\phi)^* \sin(u\Delta\theta)\Delta\theta\Delta\phi \right] \qquad (2\text{-}67)$$

式中，$0\leqslant n\leqslant Q$，$Q$ 为需要计算的球面波谱的最高阶数；$-n\leqslant m\leqslant n$。

球面近场声全息的实现过程仅适用有限阶的球面波谱。这是合理的，因为高阶球面波谱对重建面声压贡献很小，却易被噪声影响，忽略它们不但可以简化计算，而且有利于实现稳定计算。

获得所需的 $\hat{P}_{nm}(r_{\mathrm{S}})$ 后，计算半径为 $r_{\mathrm{S}}$ 的重建面（或预测面）上所有阶的声压球面波谱近似值：

$$\hat{P}_{nm}(r_{\mathrm{S}}) = \frac{\mathrm{h}_n^{(1)}(kr_{\mathrm{S}})}{\mathrm{h}_n^{(1)}(kr_{\mathrm{H}})} \hat{P}_{nm}(r_{\mathrm{H}}) \qquad (2\text{-}68)$$

最后进行离散空间傅里叶逆变换获得半径为 $r_{\mathrm{S}}$ 的球面上各点的空域声压：

$$p(r_{\mathrm{S}},u\Delta\theta,v\Delta\phi) = \sum_{n=0}^{Q}\sum_{m=-n}^{n} \hat{P}_{nm}(r_{\mathrm{S}}) Y_n^m(u\Delta\theta,v\Delta\phi) \qquad (2\text{-}69)$$

式中，$0\leqslant u\leqslant N$；$0\leqslant v\leqslant M$。

以上是球面近场声全息中声压空间变换的实现过程，径向质点振速的变换实现过程与此类似。

## 2.4 基于椭球函数的近场声全息

对于实际工程中常遇到的拉长体声源，选用长椭球函数适配近似比较合适，由于数值计算上的困难，这种函数的应用较少。

长椭球坐标系如图 2-4 所示，与直角坐标系之间的坐标关系为

$$\begin{cases} x = a \sinh \eta \sin \theta \cos \phi \\ y = a \sinh \eta \sin \theta \sin \phi \\ z = a \cosh \eta \cos \theta \end{cases} \tag{2-70}$$

式中，$0 \leqslant \eta < \infty$；$0 \leqslant \theta \leqslant \pi$；$0 \leqslant \phi \leqslant 2\pi$；$a$ 是半焦距。

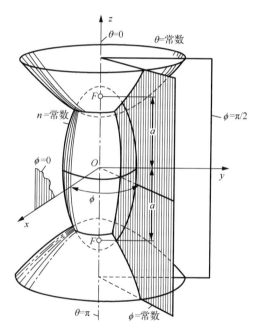

图 2-4 长椭球坐标系

当 $\eta$=常数时，得到长椭球面方程为

$$\frac{x^2}{a^2 \sinh^2 \eta} + \frac{y^2}{a^2 \sinh^2 \eta} + \frac{z^2}{a^2 \cosh^2 \eta} = 1 \tag{2-71}$$

在该坐标系下，令 $\xi = \cosh \eta$、$\eta' = \cos \theta$，经分离变量求解，对于外部辐射问题，可以得到式（2-72）的长椭球坐标系下的波动方程解[5]：

$$y_{ml} = S_{ml}^{(1)}(c,\eta') \cdot R_{ml}^{(4)}(c,\xi) \cdot \mathrm{e}^{jm\phi} \qquad (2\text{-}72)$$

式中，$c = \dfrac{1}{2}kd$；$S_{ml}^{(1)}(c,\eta')$ 为第一类椭球角函数；$R_{ml}^{(4)}(c,\xi)$ 为第四类椭球径向函数。

第一类椭球角函数可表示为

$$S_{ml}^{(1)}(c,\eta') = \sum_{n=0}^{\infty} d_n(c,m,l) \cdot P_{m+n}^m(\eta') \qquad (2\text{-}73)$$

第四类椭球径向函数可表示为[5]

$$R_{ml}^{(4)}(c,\xi) = \frac{(l-m)!}{(l+m)!} \left( \frac{\xi^2-1}{\xi^2} \right)^{m-2} \sum_{n=0,1}^{\infty} i^{n+m-l} \cdot d_n(c,m,l)$$

$$\cdot \frac{(n+2m)!}{n!} \cdot \mathrm{h}_{n+m}^{(2)}(c\xi) \qquad (2\text{-}74)$$

式中，$\mathrm{h}_{n+m}^{(2)}$ 为第二类球汉克尔函数；$P_{m+n}^m$ 为伴随勒让德函数，式中的求和含义为：如果 $l-m$ 为偶数，$n=0,2,4,\cdots$；如果 $l-m$ 为奇数，$n=1,3,5,\cdots$。其中，系数 $d_n$ 满足的递推公式为[5]

$$\frac{(2m+n+2)(2m+n+1)}{(2m+2n+3)(2m+2n+5)} c^2 d_{n+2}(c,m,l)$$

$$+ \left[ (m+n)(m+n+1) - A_{m,l}(c) + \frac{2(m+n)(n+n+1)-2m^2-1}{(2m+2n-1)(2m+2m+3)} c^2 \right] d_n(c,m,l)$$

$$+ \frac{n(n-1)c^2}{(2m+2n-3)(2m+2n-1)} d_{n-2}(c,m,l) = 0 \qquad (2\text{-}75)$$

式中，$A_{m,l}$ 是特征值，并且有如下的递推关系式：

$$N_n^m = \frac{-\beta_n^m}{\gamma_n^m - A_{m,l}(c) + N_{n+2}^m}, \quad n \geqslant 2 \qquad (2\text{-}76)$$

$$N_n^m = -\gamma_{n-2} + A_{m,l}(c) - \frac{\beta_{n-2}^m}{N_{n-2}^m}, \quad n \geqslant 2 \qquad (2\text{-}77)$$

其中

$$N_2^m = -\gamma_0^m + A_{m,l}(c), \quad N_3^m = -\gamma_1^m + A_{m,l}(c) \qquad (2\text{-}78)$$

$$\gamma_n^m = (m+n)(m+n+1) + \frac{1}{2}c^2 \left[ 1 - \frac{4m^2-1}{(2m+2n-1)(2m+2n+3)} \right], \quad n \geqslant 0 \quad (2\text{-}79)$$

$$\beta_n^m = \frac{n(n-1)(2m+n)(2m+n-1)c^4}{(2m+2n-1)^2(2m+2n-3)(2m+2n+1)}, \quad n \geqslant 2 \tag{2-80}$$

$$N_n^m = \frac{(2m+n)(2m+n-1)c^2}{(2m+2n-1)^2(2m+2n+1)} \cdot \frac{d_n(c,m,l)}{d_{n-2}(c,m,l)}, \quad n \geqslant 2 \tag{2-81}$$

从式（2-73）、式（2-74）中可以看出，要计算椭球角函数和椭球径向函数，应先计算系数 $d_n(c,m,l)$，要获得 $d_n$，又必须首先确定特征值 $A_{m,l}$。考虑一阶近似，对 $A_{m,l}$ 可以利用式（2-82）的矩阵法获得：

$$BV = AV \tag{2-82}$$

式中，$V$ 是特征向量；$A$ 是 $A_{m,l}$ 的特征值之一；$B$ 是 $n \times n$ 对称方阵，其元素来自式（2-79）；使 $A_{m,l}$ 的确定变为矩阵 $B$ 的对角化问题，即特征值为从低到高排列后的对角线上的元素，最终实现椭球角函数与椭球径向函数的计算。

## 参 考 文 献

[1]　陈心昭, 毕传兴. 近场声全息技术及其应用[M]. 北京: 科学出版社, 2013.

[2]　何元安, 何祚镛. 基于平面声全息的全空间场变换: I. 原理与算法[J]. 声学学报, 2002, 27(6): 507-512.

[3]　胡博, 杨德森. 水中柱面宽带近场声全息技术的实现[J]. 哈尔滨工程大学学报, 2008(4): 382-389.

[4]　张揽月, 丁丹丹, 杨德森, 等. 阵元随机均匀分布球面阵列联合噪声源定位方法[J]. 物理学报, 2017, 66(1): 146-157.

[5]　Flammer C. Spheroidal Wave Functions[M]. Stanford, California: Stanford University Press, 1957.

# 第3章 基于边界元技术的近场声全息

在实际应用中，进行正交共形面上的全息声压测量往往难以实现，相比之下，非共形全息变换的应用更为广泛。本章将主要对边界元法非共形近场声全息变换技术的基本原理进行介绍。

边界元法（boundary element method，BEM）是在有限元法（finite element method，FEM）之后发展起来的一种数值计算方法。边界元法的工程应用起始于弹性力学，现应用于流体力学、热力学、电磁工程、土木工程等诸多领域，并已从线性、静态问题延拓到非线性、时变问题的研究范畴。边界元法是把边值问题等价地转化为边界积分方程问题，然后利用有限元离散技术所构造的一种方法，其主要特点如下。

（1）降低问题求解的空间维数。将给定场域的边值问题通过包围该场域边界面上的边界积分方程来表示，从而降低了问题求解的空间维数。也就是说，三维问题可利用边界表面积分降维为二维问题，而二维问题则利用边界的线积分降维为一维问题。因此，有限元离散仅对应于二维曲面单元或一维曲线单元，使方法的构造大为简化。

（2）方程组阶数降低，输入数据量减少。待求量将仅限于边界节点，这不仅简化了问题的前处理过程，而且大幅度降低了待求离散方程组的阶数。

（3）计算精度高。边界元法直接求解边界广义场源的分布。场域中任一点的场量将通过线性叠加各离散的广义场源的作用而求得，不需要再经微分运算。此外，由于只对边界离散，离散化误差仅仅来源于边界，所以边界元法较之有限元法，有较高的计算精度。

（4）易于处理开域问题。边界元法只对有限场域或无限场域的有限边界进行离散化处理并求解，因此特别适用于开域问题。

但是，边界元法与有限元法相比较，也有其明显不足之处。

（1）系数矩阵为非对称性的满阵。显然，这就引发了应用计算机求解大型离散方程组的困难，从而约束了边界元方程组的阶数。

（2）系数矩阵元素值需经数值积分处理，故建立系数矩阵需要较长的计算时长。

（3）不易处理多种媒质共存的问题。

# 3.1　格 林 函 数

边界元法：设 $V$ 为空间中某一闭域，其表面为 $S$。若有两个标量函数 $\phi$ 和 $\psi$，它们在 $V$ 域内及 $S$ 面上分别存在连续的一阶和二阶偏导数，则所构成的矢量 $\psi\nabla\phi$ 满足如下的高斯散度定理[1]：

$$\int_V \nabla\cdot(\psi\nabla\phi)\mathrm{d}V = \oint_S (\psi\nabla\phi)\cdot e_n \mathrm{d}S = \oint_S \psi\frac{\partial\phi}{\partial n}\mathrm{d}S \qquad (3\text{-}1)$$

式中，$e_n$ 为 $S$ 面的外法线方向的单位矢量；$\dfrac{\partial\phi}{\partial n}$ 为法向导数。将矢量恒等式

$$\nabla\cdot(\psi\nabla\phi) = \nabla\psi\cdot\nabla\phi + \psi\nabla^2\phi \qquad (3\text{-}2)$$

代入式（3-1）可得

$$\int_V \nabla\psi\cdot\nabla\phi\mathrm{d}V + \int_V \psi\nabla^2\phi\mathrm{d}V = \oint_S \phi\frac{\partial\psi}{\partial n}\mathrm{d}S \qquad (3\text{-}3)$$

式（3-3）称为格林第一公式。若将 $\psi$ 和 $\phi$ 交换位置，即对矢量 $\phi\nabla\psi$ 进行同样的处理，便得

$$\int_V \nabla\phi\cdot\nabla\psi\mathrm{d}V + \int_V \phi\nabla^2\psi\mathrm{d}V = \oint_S \phi\frac{\partial\psi}{\partial n}\mathrm{d}S \qquad (3\text{-}4)$$

将式（3-3）减去式（3-4），则有

$$\int_V \left(\psi\nabla^2\phi - \phi\nabla^2\psi\right)\mathrm{d}V = \oint_S \left(\psi\frac{\partial\phi}{\partial n} - \phi\frac{\partial\psi}{\partial n}\right)\mathrm{d}S \qquad (3\text{-}5)$$

式（3-5）称为格林第二公式，亦称为格林定理。

若考虑一线性微分方程

$$\mathrm{L}u = -f \qquad (3\text{-}6)$$

式中，L 是线性微分算子；$u$ 是位势或场量的某分量；$f$ 是给定的激励源。

满足方程

$$\mathrm{L}u = -\delta(r - r') \qquad (3\text{-}7)$$

的解 $u(r,r')$ 称为对应于方程（3-6）的基本解。式中，$(\cdot)$ 是脉冲式函数；$r$ 是源点到场间的距离。式（3-7）中的激励源具有点源性质。$u(r,r')$ 亦可称为下列方程的基本解：

$$\mathrm{L}u = 0 \qquad (3\text{-}8)$$

静态场问题可由泊松方程或拉普拉斯方程的定解问题一般地描述为

$$
\begin{cases}
\nabla^2 u = -f, & \text{在}V\text{域内} \\
u\,|_{S_1} = u_S(r_b), & \text{在边界}S_1\text{上} \\
\dfrac{\partial u}{\partial n}\,|_{S_2} = q_S(r_b), & \text{在边界}S_2\text{上}
\end{cases}
\tag{3-9}
$$

其二维问题的基本解为

$$
\begin{cases}
\hat{u} = \dfrac{1}{2\pi}\ln\dfrac{1}{r} \\
\hat{q} = \dfrac{\partial\hat{u}}{\partial n} = -\dfrac{1}{2\pi r}\dfrac{\partial r}{\partial n}
\end{cases}
\tag{3-10}
$$

其三维问题的基本解为

$$
\begin{cases}
\hat{u} = \dfrac{1}{4\pi r} \\
\hat{q} = -\dfrac{1}{4\pi r^2}\dfrac{\partial r}{\partial n}
\end{cases}
\tag{3-11}
$$

## 3.2　奇异积分处理方法

### 3.2.1　对带有 1/r 奇异积分的处理

在求解封闭壳体的过程中，利用亥姆霍兹积分方程可推导出边界方程：

$$
C_i\boldsymbol{\Phi}_i + \iint\limits_s \boldsymbol{\Phi}\mu_1^* \mathrm{d}s = \iint\limits_s \boldsymbol{\Phi}^* \mu_1 \mathrm{d}s
\tag{3-12}
$$

式中，$\boldsymbol{\Phi}$ 为速度势；$\boldsymbol{\Phi}^* = \dfrac{\partial\boldsymbol{\Phi}}{\partial n_s}$，$n_s$ 为壳体外法线方向；$\mu_1 = \dfrac{\mathrm{e}^{ikr}}{4\pi r}$，$k$ 为波数；$\mu_1^* = \dfrac{\partial\mu_1}{\partial n_s}$，$s$ 为封闭曲线。若将曲面离散为多个单元，每个单元有 $K$ 个节点，并用单元上节点处的值来计算单元上相应的变量，则式（3-12）变为

$$
C_p^n\boldsymbol{\Phi}_p^a + \sum_{j=i}^{K} M^a\boldsymbol{\Phi}_j^a\mu_1^* \mathrm{d}s = \sum_{j=1}^{n}\iint\limits_{s_j}\sum_{a=1}^{K} M^a\frac{\partial\boldsymbol{\Phi}_j^a}{\partial n_s}\mu_1 \mathrm{d}s
\tag{3-13}
$$

式中，$a$ 为某单元的第 $a$ 个节点；$p$、$j$ 分别为第 $p$、$j$ 个单元；$M^a$ 为单元上 $a$ 节点的形函数。

令

$$H_j^a\left(P(a)\right)=\iint_{s_j}M^a\mu_1^*\mathrm{d}s \tag{3-14a}$$

$$G_j^a\left(P(a)\right)=\iint_{s_j}M^a\mu_1^*\mathrm{d}s \tag{3-14b}$$

式（3-13）变为

$$C_p^a\boldsymbol{\Phi}_p^a+\sum_{j=1}^n\sum_{n=1}^K H_j^a\left(P(a)\right)\cdot\boldsymbol{\Phi}_j^a=\sum_{j=1}^n\sum_{a=1}^K G_j^a\left(P(a)\right)\frac{\partial\boldsymbol{\Phi}_j^a}{\partial n_s} \tag{3-15}$$

当 $p=j$ 时，即 $H_j^a\left(P(a)\right)$、$G_j^a\left(P(a)\right)$ 均在本单元上进行积分时，积分将出现奇异性。其中

$$G_j^a\left(P(a)\right)=\iint_{s_j}M^a\frac{\mathrm{e}^{\mathrm{j}kr}}{4\pi r}\mathrm{d}s \tag{3-16}$$

$$H_j^a\left(P(a)\right)=\iint_{s_j}M^a\frac{\mathrm{e}^{\mathrm{j}kr}\left(\mathrm{j}kr-1\right)}{4\pi r^2}\frac{\partial r}{\partial n_s}\mathrm{d}s \tag{3-17}$$

可见，式（3-16）是关于 $1/r$ 的奇异积分，而式（3-17）是关于 $1/r^2$ 的奇异积分。

讨论式（3-16）的一般数值计算方法时，为简单起见，在二维情况下，以八节点曲线单元为例来说明。如图 3-1 所示，经过等参变换，曲边单元［图 3-1（a）］被变换到 $\xi_1 O\xi_2$ 坐标系中的标准八节点单元［图 3-1（b）］。设节点 3 为奇异点，以节点 3 为极点，将直角坐标系变为极坐标系。设

$$\xi_1=\rho\cos\theta-1,\quad \xi_2=\rho\sin\theta-1 \tag{3-18}$$

则式（3-16）变为

$$G_j^a\left(P(a)\right)=\int_0^{\frac{\pi}{4}}\int_0^{\frac{2}{\cos\theta}}\frac{M^a\mathrm{e}^{\mathrm{j}kr}}{4\pi r}\rho\left|\boldsymbol{J}\right|\mathrm{d}\rho\mathrm{d}\theta+\int_{\frac{\pi}{4}}^{\frac{\pi}{2}}\int_0^{\frac{2}{\sin\theta}}\frac{M^a\mathrm{e}^{\mathrm{j}kr}}{4\pi r}\rho\left|\boldsymbol{J}\right|\mathrm{d}\rho\mathrm{d}\theta \tag{3-19}$$

式中，$\left|\boldsymbol{J}\right|$ 为等参变换的雅可比行列式。

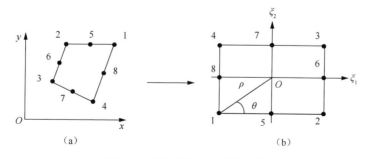

图 3-1　八节点单元及坐标变换

由于

$$r = \sqrt{x^2 + y^2 + z^2} = \left[ \left( \sum M^a x^a \right)^2 + \left( \sum M^a y^a \right)^2 + \left( \sum M^a z^a \right)^2 \right]^{1/2}$$

又因为等参换有连续性，故

$$r = \rho f(\rho, \theta) \tag{3-20}$$

其中，当 $\rho = 0$ 时，$f(\rho, \theta) \neq 0$，将式（3-20）代入式（3-19）便可消去积分中的奇异性。

$$G_j^a(P(a)) = \iint M^a \frac{\mathrm{e}^{\mathrm{j}kr}}{f(\rho, \theta)} |J| \mathrm{d}\rho \mathrm{d}\theta \tag{3-21}$$

式（3-21）中，积分不再具有奇异性。但在一般情况下，式（3-21）对 $\rho$、$\theta$ 不能精确积分，可采用高斯二维数值积分公式来计算。类似地，若节点 2 为奇异点，通过相同的手段处理，也可消去化为普通积分。

## 3.2.2　对带有 $1/r^2$ 奇异积分的处理

下面以八节点曲边单元为例来讨论如式（3-17）的奇异积分的处理方式。当 $p = j$ 时，

$$H_p^a(P(a)) = \iint_{s_p} M^a \frac{\mathrm{e}^{\mathrm{j}kr}(\mathrm{j}kr - 1)}{4\pi r^2} \frac{\partial r}{\partial n_s} \mathrm{d}s \tag{3-22}$$

首先在三维空间中将坐标系原点移到奇异点（仍设为节点 3），如图 3-1 所示，再将曲边单元 $S$ 变换到 $\xi_1 O \xi_2$ 平面上，变为标准八节点单元，然后以奇异点为极点建立极坐标系[2]，则式（3-22）可写为

$$H_p^a(P(a)) = \iint_{s_p} N \frac{1}{r^2} \cdot \frac{\partial r}{\partial n_s} \mathrm{d}s \tag{3-23}$$

$$\frac{\partial r}{\partial n_s} = \frac{\partial r}{\partial x} \cos \alpha + \frac{\partial r}{\partial y} \cos \beta + \frac{\partial r}{\partial \gamma} \tag{3-24}$$

$$H_p^a(P(a)) = \iint_{s_p} N \frac{J_1 x + J_2 y + J_3 z}{r^3} \mathrm{d}\xi_1 \xi_2 \tag{3-25}$$

式中，$J_1 = \dfrac{\partial(y,z)}{\partial(\xi_1, \xi_2)}$；$J_2 = \dfrac{\partial(z,x)}{\partial(\xi_1, \xi_2)}$；$J_3 = \dfrac{\partial(x,y)}{\partial(\xi_1, \xi_2)}$

由上一小节的推导过程可知，$\iint N \dfrac{1}{r} \mathrm{d}\xi_1 \xi_2$ 经坐标变换可消除奇异性。

令

$$A = \frac{J_1 x + J_2 y + J_3 z}{r^2}$$（3-26）

对 $r$ 进行极坐标变换，$r^2 = \rho^2 F(\rho, \theta)$，且当 $\rho=0$ 时，$F(\rho, \theta) \neq 0$。

令

$$\eta_1 = \xi_1 - 1, \quad \eta_2 = \xi_2 - 1$$（3-27）

则

$$\eta_1 = \rho \cos \theta, \quad \eta_2 = \rho \sin \theta$$（3-28）

下面以八节点曲边单元为例来证明 $J_1 x + J_2 y + J_3 z$ 中不含有 $\eta_1$、$\eta_2$ 的一次项及常数项。下式为八节点曲边单元的形函数：

$$M^1 = \frac{(\xi_1 + 1)(\xi_2 + 1)(\xi_1 + \xi_2 - 1)}{4}$$

$$M^2 = \frac{(\xi_1 - 1)(\xi_2 - 1)(\xi_1 - \xi_2 + 1)}{4}$$

$$M^3 = \frac{(1 - \xi_1)(\xi_2 + 1)(\xi_1 + \xi_2 + 1)}{4}$$

$$M^4 = \frac{(\xi_1 + 1)(\xi_2 - 1)(-\xi_1 + \xi_2 + 1)}{4}$$（3-29）

$$M^5 = \frac{(\xi_1 + 1)(1 - \xi_2^2)}{2}$$

$$M^6 = \frac{(\xi_2 + 1)(1 - \xi_1^2)}{2}$$

$$M^7 = \frac{(\xi_1 - 1)(\xi_2^2 - 1)}{2}$$

$$M^8 = \frac{(1 - \xi_1)(1 - \xi_1^2)}{2}$$

将式（3-29）代入式（3-19）并展开，然后各式分别对 $\eta_1$、$\eta_2$ 求导后再代入式（3-26）可得

$$A = \frac{1}{\gamma^2} \left[ \sum_{a=1}^{K} b_e Y_e \left( \sum_{a=1}^{K} c_e Z_e \sum_{a=1}^{K} c_e X_e - \sum_{a=1}^{K} c_e X_e \sum_{a=1}^{K} a_e Z_e \right) \right.$$

$$+ \sum_{a=1}^{K} b_e Z_e \left( \sum_{a=1}^{K} c_e X_e \sum_{a=1}^{K} a_e Y_e - \sum_{a=1}^{K} c_e Y_e \sum_{a=1}^{K} a_e X_e \right)$$

$$\left. + \sum_{a=1}^{K} b_e X_e \left( \sum_{a=1}^{K} c_e Y_e \sum_{a=1}^{K} a_e Z_e - \sum_{a=1}^{K} c_e Z_e \sum_{a=1}^{K} a_e Y_e \right) \right] \qquad (3\text{-}30)$$

式中，$a_e$、$b_e$、$c_e$ 为有关 $\eta_1$、$\eta_2$ 的多项式。经过推导化简可得

$$A = \frac{1}{\gamma^2} \left[ P_3(\eta_1, \eta_2) + \eta_1 \overline{m} \right] \qquad (3\text{-}31)$$

式（3-31）中 $P_3(\eta_1, \eta_2)$ 为关于 $\eta_1$、$\eta_2$ 的二次项及二次以上项的多项式，一次项仅与 $\eta_1$ 有关，$\overline{m}$ 为常数。

同样可得

$$A = \frac{1}{\gamma^2} \left[ L_3(\eta_1, \eta_2) + \eta_2 \overline{n} \right] \qquad (3\text{-}32)$$

式中，$L_3(\eta_1, \eta_2)$ 为关于 $\eta_1$、$\eta_2$ 的二次项及二次以上项的多项式；$\overline{n}$ 为常数。比较式（3-31）、式（3-32）可得

$$P_3(\eta_1, \eta_2) = L_3(\eta_1, \eta_2) \qquad (3\text{-}33)$$

$$\overline{m} = \overline{n} = 0 \qquad (3\text{-}34)$$

至此，证明式（3-26）中，分子展开成 $\eta_1$、$\eta_2$ 的多项式后，不再含有 $\eta_1$、$\eta_2$ 的一次项及常数项，在经过极坐标变换后将式（3-26）的分子与分母的因子相约去，式（3-26）将不再有奇异性。综上所述，二次奇异积分可通过适当的数学变换化为普通积分。

## 3.3　边界元近场声全息变换的基本关系式

在均匀理想流体介质中，振动结构体 A 的声辐射如图 3-2 所示[3]。图中，$S_0$ 表示 A 振动结构体的表面边界，$S_\infty$ 表示整个无限区域的边界，$r$ 表示三维声场空间中任意场点处的位置矢量，$r_s$ 表示表面上振动点的位置矢量，$r_\infty$ 表示无穷远处场点的位置矢量，$D_-$ 表示内部辐射声场，$D_+$ 表示外部辐射声场，$n$ 表示结构体表面的法线方向。A 的外部辐射声场中所有点的声压满足三个条件：亥姆霍兹积分方程、狄利克雷边界条件（瑞利第一积分公式）、诺伊曼边界条件（瑞利第二积分公式）。

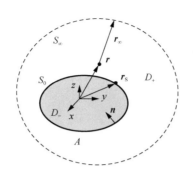

图 3-2　振动结构体 A 的声辐射示意图

理想流体介质中，三维声场空间内任意场点 $r$ 处的小振幅声波满足三维波动方程

$$\nabla^2 p(r,t) = \frac{1}{c^2} \frac{\partial^2 p(r,t)}{\partial t^2} \tag{3-35}$$

式中，$\nabla^2$ 表示拉普拉斯算符，其计算表达式如下：

$$\nabla^2 = \frac{\partial^2}{\partial x^2} + \frac{\partial^2}{\partial y^2} + \frac{\partial^2}{\partial z^2} \tag{3-36}$$

另外，诺伊曼边界条件可表示为

$$\frac{\partial p(r_S)}{\partial n} = \mathrm{j}\omega\rho v_n(r_S) \tag{3-37}$$

式中，$\rho$ 表示介质密度；$v_n(r_S)$ 表示振动结构体的表面方向振速。

针对无限域中的外部辐射问题，在无穷处的声压值满足索末菲（Sommerfeld）辐射条件，可以描述为

$$\lim_{r \to \infty} \left\{ r \left[ \frac{\partial p(r)}{\partial r} - \mathrm{j}k p(r) \right] \right\} = 0 \tag{3-38}$$

当 $r$ 满足无穷域条件且满足欧拉方程，则上式可转化为

$$\frac{p(r)}{v_n(r)} = -\rho c \tag{3-39}$$

因此，在无限域的辐射声场中，振动结构体的辐射问题可用满足上述三个条件的方程来描述：

$$\begin{cases} \nabla^2 p(\boldsymbol{r}) + k^2 p(\boldsymbol{r}) = 0, & \boldsymbol{r} \in D_+ \\ \dfrac{\partial p(\boldsymbol{r}_\text{S})}{\partial n} = \mathrm{j}\omega\rho\boldsymbol{v}_n(\boldsymbol{r}_\text{S}), & \boldsymbol{r}_\text{S} \in S_0 \\ \lim\limits_{r \to \infty} \left\{ r\left[ \dfrac{\partial p(\boldsymbol{r})}{\partial r} - \mathrm{j}kp(\boldsymbol{r}) \right] \right\} = 0, & \boldsymbol{r} \in D_- \end{cases} \tag{3-40}$$

## 3.4　边界元近场声全息变换的关键参数

基于边界元法的近场声全息重建过程中都需要对传递矩阵进行求逆。由于传递矩阵通常不是满秩矩阵，因此通常采用奇异值分解方法来求解。而在对传递矩阵奇异分解过程中往往会出现最大奇异值和最小奇异值比值增大，导致出现病态矩阵。实际测量中，测量系统也不可避免会产生误差。而逆问题的不适定性问题具有较高的误差敏感度，使得重建精度受到影响。目前，较为成熟、有效且具普遍性的处理方法就是正则化方法[4]。

#### 1. 截断奇异值分解方法

对于传递矩阵奇异值分解中的较小奇异值对重建结果产生影响的问题，截断奇异值分解（truncated singular value decomposition，TSVD）方法不失为一种简单且较为有效的方法，通过将其中较小的奇异值变为零，而其余的奇异值保持不变，并且引入截断系数比，表示为 $\alpha$，则滤波系数 $f_i$ 的表达式为[2]

$$f_i = \begin{cases} 1, & \sigma_i \geqslant \alpha\sigma_1 \\ 0, & \sigma_i < \alpha\sigma_1 \end{cases} \tag{3-41}$$

式（3-41）表明所有的奇异值只要满足 $\sigma_i < \alpha\sigma_1$，则对应项奇异值取作零。通过滤除小奇异值的这种方法来减小这些数值项对重建精度产生的误差影响，但这种截断式的滤波方法最核心的问题在于如何选取截断系数比 $\alpha$。无论取值过大或者过小，都将使此方法失去作用。当前最常见的是根据实际测量环境中的信噪比（signal-to-noise ratio，SNR）来确定 $\alpha$，滤掉所有小于此 SNR 的奇异值。另外也可利用后面介绍的 L 曲线准则（L-curve criterion）和广义交叉验证法来取最优值。

#### 2. Tikhonov 正则化方法

由于在求解病态矩阵过程中产生大量的离散值，正则化处理较为适用的就是吉洪诺夫（Tikhonov）正则化方法。通过在求解原有方程的过程中，施加一个能够使残余范数和单边约束的加权组合最小的约束条件，即 $(\boldsymbol{V}_\text{S})_\text{reg}$ 须满足以下条件：

$$\min \left\{ \left\| \boldsymbol{W} \left( \boldsymbol{V}_S \right)^{\lambda} - \boldsymbol{P}_h \right\|_2^2 + \lambda^2 \left\| \boldsymbol{L} \left( \boldsymbol{V}_S \right)^{\lambda} - \boldsymbol{V}_S^* \right\|_2^2 \right\} \tag{3-42}$$

式中，$\lambda$ 代表正则化参数，取值大于零；$\boldsymbol{V}_S^*$ 代表源面法向振速的初始估计值；$\boldsymbol{W}$ 代表表面振速与全息声压之间的传递矩阵；$\boldsymbol{L}$ 代表罚矩阵，一般为正定矩阵，相当于要求未知解满足一定的光滑性约束条件。

对式（3-42）进行求解，得到广义 Tikhonov 正则化的解为

$$\left( \boldsymbol{V}_S \right)_{\text{reg}} = \left( \boldsymbol{W}^H \boldsymbol{W} + \lambda^2 \boldsymbol{L}^T \boldsymbol{L} \right)^{-1} \boldsymbol{W}^H \boldsymbol{P}_h \tag{3-43}$$

由式（3-43）可知，利用 $\left( \boldsymbol{W}^H \boldsymbol{W} + \lambda^2 \boldsymbol{L}^T \boldsymbol{L} \right)^{-1} \boldsymbol{W}^H$ 取代源面振速重建公式中的病态矩阵的逆 $\boldsymbol{W}^{-1}$。

### 3. 正则化参数选取

基于以上两种方法分析可知，无论是截断奇异值分解方法还是 Tikhonov 正则化方法，实际从本质上来看都是一样的，都是通过滤除小奇异值的方式来减小误差，只不过前者采用直接去除小奇异值的方法，而后者采用逐渐削弱它的影响。因此，有效地减小误差的关键还是对于正则化系数的取值。取值过大造成有效信息的丢失，取值过小造成效果失效，误差仍存在。在这种情况下，正则化参数最为常见的选取方法包括广义交叉检验法和 L 曲线准则[5]。

广义交叉验证法作为最常见的一个正则化参数选取原则，其正则化参数的选取方法主要通过下述方程来确定：

$$G(\lambda) = \frac{\left\| \boldsymbol{W} \left( \boldsymbol{V}_S \right)_{\text{reg}} - \boldsymbol{P}_h \right\|_2^2}{\left[ \text{tr} \left( \boldsymbol{I}_n - \boldsymbol{W} \boldsymbol{W}^I \right) \right]^2} \tag{3-44}$$

式中，$\boldsymbol{W}^I$ 为正则化解 $\left( \boldsymbol{V}_S \right)_{\text{reg}}$ 对应的传递矩阵；$\text{tr}()$ 为传递矩阵的迹；$\boldsymbol{I}_n$ 为单位矩阵。可以看出，当方程求最小值时，正则化参数即所求的 $\lambda$。

另一种正则化参数选取方法是以 L 曲线为基础的 L 曲线准则，它与广义交叉验证法相同，对误差范数是否已知不作要求。其中，L 曲线描述的是利用所有可行的正则化参数 $\lambda$ 计算 $\left( \boldsymbol{V}_S \right)_{\text{reg}}^{\lambda}$，并以对数尺度绘制残余范数与解范数的关系，然后，通过对残余范数与解范数的对比选取有效的正则化参数。

如图 3-3 所示，L 曲线拐角的左半边部分，由于 $\lambda$ 太小，出现欠正则化现象，虽然采用正则化处理，但仍存在某些奇异值较小的分量导致未对误差实现有效的控制；而在 L 曲线拐角的右半边部分，由于 $\lambda$ 太大，出现过正则化现象，滤波后

的奇异值太少导致有效信息丢失。因此，L 曲线的拐角处才是能有效实现滤波的正则化参数。

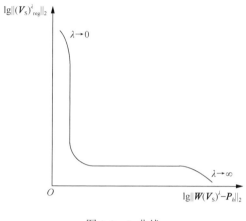

图 3-3　L 曲线

## 3.5　边界元法散射场近场声全息

目标散射场的研究是水声学中的基本问题，它对于主动目标特性的预报、评估、设计具有重要意义。目标散射场的理论研究方法，如解析法、T-矩阵法、有限元法、有限元-边界元法，需要精确已知目标表面的形状、结构、材料，在计算机上做大量的数值计算。工程中常用的物理声学方法采用了基尔霍夫近似，极大地简化了分析，但仅适用高频情况。水下目标（如鱼雷）散射场的实际测量费用昂贵，而且测试环境复杂，测试数据不稳定，要得到不同入射情况下整个三维空间的散射声场是困难的。

近场声全息方法是通过测量位于目标近场的全息面上的复声压来重建目标表面声场，并进一步预报目标远场。这种方法测试范围小，由二维全息面的测量获得整个三维空间的声场，不需要知道目标的内部结构、材料，而且由于测量数据包括高波数成分，因此可以达到较高重建分辨率，即使在低频情况仍能得到目标表面重建场的细节信息。当今主动声呐发射频率较低，近场声全息方法应用于目标散射场的研究对于目标主动特性的预报、改进设计很有意义。

近场声全息方法目前主要应用于结构振动和声辐射方面的研究，在散射问题的研究中用得还很少。以下给出了以边界元法为基础的近场声全息方法来重建散射体的表面声场和预报远场的基本公式。

图 3-4 中，$r$ 为空间任一点，$r'$ 为散射体表面上任一点，$S$ 为散射体表面，

$E$ 为散射体外部空间，$I$ 为散射体内部空间。平面波 $P_{inc}$ 入射到目标上，则空间中任一点的总声压可以表示为入射声压和散射声压之和，即[6]

$$P_t = P_{inc} + P_S \qquad (3\text{-}45)$$

式中，散射声压 $P_S$ 服从亥姆霍兹积分方程：

$$\int_s \left\{ P_S(r) \frac{\partial G(r,r')}{\partial n} - \frac{\partial P_S(r)}{\partial n} G(r,r') \right\} dS = \begin{cases} P_S(r), & r \in E \\ \dfrac{\Omega}{4\pi} P_S(r), & r \in S \\ 0, & r \in I \end{cases} \qquad (3\text{-}46)$$

其中，$G = \dfrac{\mathrm{e}^{-jk|r-r'|}}{4\pi|r-r'|}$ 是自由空间格林函数。

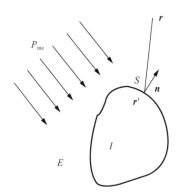

图 3-4 平面波场中的任意形状散射体

将表面 $S$ 离散化为 $M$ 个小单元，共 $N$ 个节点，则单元上每点 $r$ 的坐标和函数值可以用该单元节点上的坐标和函数值插值表示：

$$\begin{cases} r(\xi) = \sum_a N_a(\xi) r_a \\ P_S(\xi) = \sum_a N_a(\xi) P_{Sa}, \quad a = 1, 2, \cdots, L_0 \\ \dfrac{\partial P_S(\xi)}{\partial n} = \sum_a N_a(\xi) \dfrac{\partial P_{Sa}}{\partial n} \end{cases} \qquad (3\text{-}47)$$

式中，$N_a(\xi)$ 是插值形状函数；$r_a$、$P_{Sa}$ 和 $\dfrac{\partial P_{Sa}}{\partial n}$ 分别是小单元第 $a$ 个节点上的坐标、声压和声压导数；$L_0$ 为小单元上节点数。

将式（3-47）代入式（3-46）可得离散化的积分方程

$$
\begin{cases}
\boldsymbol{A}_{N \times N} \boldsymbol{P}_S = \boldsymbol{B}_{N \times N} \boldsymbol{V}_n \\
\boldsymbol{P}_S' = \boldsymbol{E}_{N_0 \times N} \boldsymbol{P}_S + \boldsymbol{F}_{N_0 \times N} \boldsymbol{V}_n \\
\boldsymbol{C}_{N_0 \times N} \boldsymbol{P}_S = \boldsymbol{D}_{N_0 \times N} \boldsymbol{V}_n
\end{cases}
\tag{3-48}
$$

式中，$N$ 维向量 $\boldsymbol{P}_S$、$\boldsymbol{V}_n$ 是表面场；$N_0$ 维向量 $\boldsymbol{P}_S'$ 是外部散射场。3 个方程分别是离散化的表面方程、取 $N_0$ 个外部点形成的外部方程和取 $N$ 个内部点形成的内部方程。

对于第一个方程，$\boldsymbol{r}_i \in S$ 为表面节点，系数矩阵的元素为

$$
a_{ij} = \sum_m \sum_a \iint_{\Delta S_m} N_a(\xi) \cdot G(\boldsymbol{r}_i, \boldsymbol{r}') \cdot J(\xi) \mathrm{d}\xi - \frac{\Omega}{4\pi} \delta_{ij}
\tag{3-49}
$$

$$
b_{ij} = -\mathrm{j}\omega\rho \sum_m \sum_a \iint_{\Delta S_m} N_a(\xi) \cdot \partial \frac{G(\boldsymbol{r}_i, \boldsymbol{r}')}{\partial n} \cdot J(\xi) \mathrm{d}\xi
\tag{3-50}
$$

对于第二个方程，$\boldsymbol{r}_i \in E$ 为外部点，系数矩阵的元素为

$$
e_{ij} = \sum_m \sum_a \iint_{\Delta S_m} N_a(\xi) \cdot G(\boldsymbol{r}_i, \boldsymbol{r}') \cdot J(\xi) \mathrm{d}\xi
\tag{3-51}
$$

$$
f_{ij} = \mathrm{j}\omega\rho \sum_m \sum_a \iint_{\Delta S_m} N_a(\xi) \frac{\partial G(\boldsymbol{r}_i, \boldsymbol{r}')}{\partial n} \cdot J(\xi) \mathrm{d}\xi
\tag{3-52}
$$

对于第三个方程，$\boldsymbol{r}_i \in I$ 为内部点，系数矩阵的元素为

$$
c_{ij} = \sum_m \sum_a \iint_{\Delta S_m} N_a(\xi) \cdot G(\boldsymbol{r}_i, \boldsymbol{r}') \cdot J(\xi) \mathrm{d}\xi
\tag{3-53}
$$

$$
d_{ij} = -\mathrm{j}\omega\rho \sum_m \sum_a \iint_{\Delta S_m} N_a(\xi) \frac{\partial G(\boldsymbol{r}_i, \boldsymbol{r}')}{\partial n} \cdot J(\xi) \mathrm{d}\xi
\tag{3-54}
$$

则联系式（3-48）中的第一个和第三个方程可以得到

$$
\boldsymbol{P}_S = \begin{bmatrix} \boldsymbol{A} \\ \boldsymbol{C} \end{bmatrix}^{-1} \begin{bmatrix} \boldsymbol{B} \\ \boldsymbol{D} \end{bmatrix} \boldsymbol{V}_n
\tag{3-55}
$$

假设位于散射体近场的全息面上声压分布为 $\boldsymbol{P}_{\mathrm{HS}}$，将式（3-55）代入式（3-48）中的第二个方程，并用 $\boldsymbol{P}_{\mathrm{HS}}$ 代替其中的 $\boldsymbol{P}_S'$，则可得到

$$
\boldsymbol{V}_n = \left( \boldsymbol{E} \begin{bmatrix} \boldsymbol{A} \\ \boldsymbol{C} \end{bmatrix}^{-1} \begin{bmatrix} \boldsymbol{B} \\ \boldsymbol{D} \end{bmatrix} + \boldsymbol{F} \right)^{-1} \boldsymbol{P}_{\mathrm{HS}}
\tag{3-56}
$$

则根据全息散射声压 $\boldsymbol{P}_{\mathrm{HS}}$ 就可以确定散射体的表面散射振速 $\boldsymbol{V}_n$，结合式（3-55）可以确定表面声压 $\boldsymbol{P}_S$，再结合式（3-48）即可得到远场任一点的散射声压 $\boldsymbol{P}_S'$。

# 参 考 文 献

[1]　杨德全, 赵忠生. 边界元理论及应用[M]. 北京: 北京理工大学出版社, 2002.

[2]　赵均海. 高等有限元[M]. 武汉: 武汉理工大学出版社, 2004.

[3]　陈心昭, 毕传兴. 近场声全息技术及其应用[M]. 北京: 科学出版社, 2013.

[4]　毕传兴, 陈心昭, 毕宝庆, 等. 基于分布源边界点法的近场声全息实验研究[J]. 振动工程学报, 2006(1): 9-16.

[5]　陈达亮, 舒歌群, 卫海桥. 近场声全息正则化方法比较[J]. 天津大学学报, 2008(6): 696-702.

[6]　暴雪梅, 何祚镛. 近场声全息方法研究目标散射场[J]. 哈尔滨工程大学学报, 1997(5): 18-22.

# 第 4 章  基于等效源法的近场声全息

等效源法（equivalent source method，ESM）的主要思想是：振动体产生的声场可以由置于该振动体内部的一系列等效源产生的声场叠加代替，而这些等效源的源强可以通过匹配振动体表面的法向振速得到。等效源的源强可以用于任意形状闭合声源的重建与预测，而且避开了基于边界元法近场声全息技术中复杂的插值运算、奇异积分处理以及特征波数处解的非唯一性处理等问题。等效源法的基本思想由 Koopmann 等[1]在 1989 年提出，当时命名为波叠加法。

## 4.1  等效源基本理论

### 4.1.1  等效源积分方程

等效源法是不同于边界元法的一种声场定位问题求解方法，它的理论基础是等效源积分方程，而不是基尔霍夫-亥姆霍兹积分方程。下面将对等效源积分方程进行推导，并证明等效源法与基尔霍夫-亥姆霍兹积分方程的等价性。

如图 4-1 所示，$D$ 表示无限域，$S_\infty$ 表示 $D$ 的边界。在 $D$ 中存在一块连续的区域 $E$，它和无限域 $D$ 具有相同的介质。点 $r$、$r'$ 位于 $D$ 中，点 $r_E$ 位于 $E$ 中，$r_{S_\infty}$ 指 $S_\infty$ 上的一个任意点。

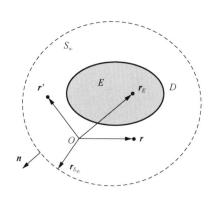

图 4-1  无限域中连续分布简单源辐射示意图

设区域 $E$ 中的介质质点进行幅度微小的振动，从而产生声场，定义

$$q_0(r,t) = \begin{cases} q(r,t), & r \in E \\ 0, & r \notin E \bigcap r \in D \end{cases} \qquad (4\text{-}1)$$

式中，$q_0(r,t)$ 表示区域 $E$ 中的介质质点振动引起的点 $r$ 处的小体积元内的介质体积增加速率。由此，在无限域 $D$ 中声场介质的连续性方程变为[2]

$$-\rho_0 \mathrm{div} v(r,t) + \rho_0 q_0(r,t) = \frac{\partial \rho'(r,t)}{\partial t} \qquad (4\text{-}2)$$

把式（4-2）与运动方程和状态方程联立，可以得到描述无限域 $D$ 中声场的三维波动方程为

$$\nabla^2 p(r,t) + \rho_0 \frac{\partial q_0(r,t)}{\partial t} = \frac{1}{c_0^2} \frac{\partial^2 p(r,t)}{\partial t^2} \qquad (4\text{-}3)$$

对式（4-3）进行傅里叶变换，得到

$$\nabla^2 p(r) + k^2 p(r) = j\rho_0 \omega q_0(r) \qquad (4\text{-}4)$$

式中，$q_0(r)$ 是 $q_0(r,t)$ 的傅里叶变换。

声源区域 $E$ 所辐射的声场可由非齐次亥姆霍兹方程（4-4）和索末菲辐射条件组成的方程组来描述。为求解式（4-4），首先将该式两边同乘以 $G(r,r')$ 得到

$$G(r,r')\nabla^2 p(r) + k^2 p(r) G(r,r') = j\rho_0 \omega q_0(r) G(r,r') \qquad (4\text{-}5)$$

式中，自由场格林函数 $G(r,r')$ 满足

$$\nabla^2 G(r,r') + k^2 G(r,r') + \delta(r,r') = 0 \qquad (4\text{-}6)$$

$G(r,r')$ 表示点 $r'$ 处的一个简单源在点 $r$ 处辐射的声压。

同样地，将式（4-6）两边同乘以 $p(r)$ 得到

$$p(r)\nabla^2 G(r,r') + k^2 p(r) G(r,r') = -p(r)\delta(r,r') \qquad (4\text{-}7)$$

式（4-5）减去式（4-7），可得

$$G(r,r')\nabla^2 p(r) - p(r)\nabla^2 G(r,r') = p(r)\delta(r,r') + j\rho_0 \omega q_0(r) G(r,r') \qquad (4\text{-}8)$$

根据声场互易性交换式（4-8）中的 $r$ 和 $r'$，并利用格林函数和 $\delta$ 函数的对称性 $G(r,r') = G(r',r)$ 和 $\delta(r,r') = \delta(r',r)$，可以将式（4-8）变为

$$G(r,r')\nabla^2 p(r') - p(r')\nabla^2 G(r,r') = p(r')\delta(r,r') + j\rho_0 \omega q_0(r') G(r,r') \qquad (4\text{-}9)$$

将式（4-9）在无限域 $D$ 中积分，用 $\mathrm{d}\Omega$ 表示体积微元，得到

$$\int_D \left[ G(r,r')\nabla^2 p(r') - p(r')\nabla^2 G(r,r') \right] \mathrm{d}\Omega(r')$$

$$= \int_D p(r')\delta(r,r')\mathrm{d}\Omega(r') + \int_D \mathrm{j}\rho_0\omega q_0(r')G(r,r')\mathrm{d}\Omega(r') \qquad (4\text{-}10)$$

应用 $\delta$ 函数的性质和等式 $\nabla(G\nabla p) = \nabla G\nabla p + G\nabla^2 p$ 对式（4-10）进行整理，得到

$$p(r) = -\mathrm{j}\rho_0\omega\int_D q_0(r')G(r,r')\mathrm{d}\Omega(r')$$

$$+ \int_D \nabla \left[ G(r,r')\nabla p(r') - p(r')\nabla G(r,r') \right]\mathrm{d}\Omega(r') \qquad (4\text{-}11)$$

对式（4-11）右边第二项使用高斯散度定理，得

$$p(r) = -\mathrm{j}\rho_0\omega\int_D q_0(r')G(r,r')\mathrm{d}\Omega(r')$$

$$+ \int_{S_\infty} \left[ G(r,r')\nabla p(r') - p(r')\nabla G(r,r') \right] \cdot n\mathrm{d}S \qquad (4\text{-}12)$$

式（4-12）右边第二项根据索末菲辐射条件，面积分等于 0，由此

$$p(r) = -\mathrm{j}\rho_0\omega\int_E q_0(r')G(r,r')\mathrm{d}\Omega(r') \qquad (4\text{-}13)$$

无限域 $D$ 内仅在区域 $E$ 中 $q_0(r)$ 不等于零，这里采用 $r_E$ 表示区域 $E$ 中的点，则式（4-13）中 $r'$ 可以用 $r_E$ 替换，因此[3]

$$p(r) = -\mathrm{j}\rho_0\omega\int_E q(r_E)G(r,r_E)\mathrm{d}\Omega(r_E) \qquad (4\text{-}14)$$

式（4-14）即等效源积分方程，该式在一些文献中也被称为波叠加积分方程。从该方程可以看到，声源区域 $E$ 在无限域中的辐射声场是一系列简单源所辐射声场的叠加。$q(r_E)$ 表示这些简单源的权重系数，也被称为简单源的源强。

在式（4-14）的推导过程中，使用了简单源来辅助求解非齐次亥姆霍兹方程。当使用其他满足波动方程的基本解（如球面波）辅助计算时，会形成一些不同于式（4-14）的方法。相应地，声源区域 $E$ 可视为由连续分布的、源强不同的等效源所组成，$q(r_E)$ 为等效源的源强。

根据欧拉公式，由式（4-14）可以得到声源区域 $E$ 所辐射声场中的质点振速为

$$v(r) = -\int_E q(r_E)\nabla G(r,r_E)\mathrm{d}\Omega(r_E) \qquad (4\text{-}15)$$

在式（4-14）和式（4-15）的基础上可以进一步计算声强和声源辐射声功率等参量。

## 4.1.2　等效源的源强计算方法

等效源积分方程计算的是连续分布的等效源在无限域中的辐射声场，而我们的目标是计算边界为 $S_0$ 的振动体的外部辐射声场。将该目标与等效源积分方程联系起来就形成了等效源法。

等效源法的原理是：把连续分布的等效源置于边界为 $S_0$ 的振动体内部，如图 4-2 所示，并使等效源的源强 $q(r_E)$ 和 $S_0$ 上的边界条件相匹配，即

$$-\mathrm{j}\rho_0\omega\int_E q(r_E)G(r_S,r_E)\mathrm{d}\Omega(r_E) = p(r_S) \tag{4-16}$$

$$-\int_E q(r_E)\frac{\partial G(r_S,r_E)}{\partial n}\mathrm{d}\Omega(r_E) = v_n(r_S) \tag{4-17}$$

则该振动体的外部辐射声场可以通过式（4-14）和式（4-15）计算，也就是由置于其内部的等效源所产生的声场代替。由于等效源分布于振动体内部，所以 $r_E \neq r_S$ 而且 $r_E \neq r$，从而避免了奇异积分。

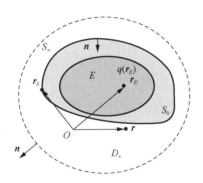

图 4-2　等效源法理论示意图（等效源连续分布在区域 $E$ 中）

若等效源法是有效的，则在满足式（4-16）和式（4-17）的前提下，等效源积分方程和基尔霍夫-亥姆霍兹积分方程在计算边界为 $S_0$ 的声源所辐射的外部声场应该是等效的。如图 4-2 所示，$D_+$ 表示声源外部无限域，$D_+$ 的边界为 $S_0 + S_\infty$。

将式（4-16）和式（4-17）代入如式（1-48）的基尔霍夫-亥姆霍兹积分方程中，可以得到

$$p(\boldsymbol{r}) = -\mathrm{j}\rho_0\omega\int_E q(\boldsymbol{r}_E)\mathrm{d}\Omega(\boldsymbol{r}_E)\int_{S_0}\left[\frac{\partial G(\boldsymbol{r}_S,\boldsymbol{r}_E)}{\partial n}G(\boldsymbol{r},\boldsymbol{r}_S) - G(\boldsymbol{r}_S,\boldsymbol{r}_E)\frac{\partial G(\boldsymbol{r},\boldsymbol{r}_S)}{\partial n}\right]\mathrm{d}S$$

$$= -\mathrm{j}\rho_0\omega\int_E q(\boldsymbol{r}_E)\mathrm{d}\Omega(\boldsymbol{r}_E)\int_{S_0}\left[\nabla G(\boldsymbol{r}_S,\boldsymbol{r}_E)G(\boldsymbol{r},\boldsymbol{r}_S) - G(\boldsymbol{r}_S,\boldsymbol{r}_E)\nabla G(\boldsymbol{r},\boldsymbol{r}_S)\right]\cdot \boldsymbol{n}\mathrm{d}S$$

$$（4\text{-}18）$$

对式（4-18）使用高斯散度定理，可得

$$p(\boldsymbol{r}) = -\mathrm{j}\rho_0\omega\int_E q(\boldsymbol{r}_E)\mathrm{d}\Omega(\boldsymbol{r}_E)\int_{D_+}\nabla\left[\nabla G(\boldsymbol{r}',\boldsymbol{r}_E)G(\boldsymbol{r},\boldsymbol{r}') - G(\boldsymbol{r}',\boldsymbol{r}_E)\nabla G(\boldsymbol{r},\boldsymbol{r}')\right]\mathrm{d}\Omega(\boldsymbol{r}')$$

$$+ \mathrm{j}\rho_0\omega\int_E q(\boldsymbol{r}_E)\mathrm{d}\Omega(\boldsymbol{r}_E)\int_{S_\infty}\left[\nabla G(\boldsymbol{r}',\boldsymbol{r}_E)G(\boldsymbol{r},\boldsymbol{r}') - G(\boldsymbol{r}',\boldsymbol{r}_E)\nabla G(\boldsymbol{r},\boldsymbol{r}')\right]\cdot \boldsymbol{n}\mathrm{d}S$$

$$（4\text{-}19）$$

与前文类似，式（4-19）右边第二项中的面积分等于 0，因此

$$p(\boldsymbol{r}) = -\mathrm{j}\rho_0\omega\int_E q(\boldsymbol{r}_E)\mathrm{d}\Omega(\boldsymbol{r}_E)\int_{D_+}\left[\nabla^2 G(\boldsymbol{r}',\boldsymbol{r}_E)G(\boldsymbol{r},\boldsymbol{r}') - G(\boldsymbol{r}',\boldsymbol{r}_E)\nabla^2 G(\boldsymbol{r},\boldsymbol{r}')\right]\mathrm{d}\Omega(\boldsymbol{r}')$$

$$（4\text{-}20）$$

将 $\nabla^2 G(\boldsymbol{r},\boldsymbol{r}') + k^2 G(\boldsymbol{r},\boldsymbol{r}') + \delta(\boldsymbol{r},\boldsymbol{r}') = 0$ 代入式（4-20），得到

$$p(\boldsymbol{r}) = -\mathrm{j}\rho_0\omega\int_E q(\boldsymbol{r}_E)\mathrm{d}\Omega(\boldsymbol{r}_E)\int_{D_+}\left[-G(\boldsymbol{r},\boldsymbol{r}')\delta(\boldsymbol{r}',\boldsymbol{r}_E) + G(\boldsymbol{r}',\boldsymbol{r}_E)\delta(\boldsymbol{r},\boldsymbol{r}')\right]\mathrm{d}\Omega(\boldsymbol{r}')$$

$$= -\mathrm{j}\rho_0\omega\int_E q(\boldsymbol{r}_E)G(\boldsymbol{r},\boldsymbol{r}_E)\mathrm{d}\Omega(\boldsymbol{r}_E) \tag{4-21}$$

在式（4-21）的推导中，因为点 $\boldsymbol{r}'$ 在边界 $S_0$ 之外，$\boldsymbol{r}_E$ 在边界 $S_0$ 之内，两者不可能相等，所以

$$\int_{D_+} -G(\boldsymbol{r},\boldsymbol{r}')\delta(\boldsymbol{r}',\boldsymbol{r}_E)\mathrm{d}\Omega(\boldsymbol{r}') = 0 \tag{4-22}$$

由式（4-21）可知，当等效源的源强 $q(\boldsymbol{r}_E)$ 和 $S_0$ 上的边界条件相匹配时，从基尔霍夫-亥姆霍兹积分方程可以推导出等效源积分方程，从而证明了等效源法和基尔霍夫-亥姆霍兹积分方程之间的等效性。

等效源法只要求等效源连续分布在声源内部，并没有局限等效源的位置。但是，为了方便，一般将这些等效源放置在一个厚度为 $\sigma$、表面为连续曲面的壳体上，如图 4-3 所示。由此，式（4-14）变为

$$p(\boldsymbol{r}) = -\mathrm{j}\rho_0\omega\int_{S_E}\sigma q(\boldsymbol{r}_E)G(\boldsymbol{r},\boldsymbol{r}_E)\mathrm{d}S \tag{4-23}$$

式中，$S_E$ 是该壳体的表面，也被称为等效源面。而在这里，$\boldsymbol{r}_E$ 不再表示区域 $E$ 中的点，而是指表面 $S_E$ 上的点。

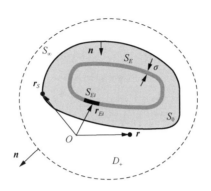

图 4-3   连续曲面上的等效源示意图

为实现数值计算，需对等效源积分方程进行离散化。将等效源面 $S_E$ 离散为 $N$ 段，每一段用 $S_{Ei}$ 表示，则式（4-23）变为

$$p(r) = -\mathrm{j}\rho_0\omega\sum_{i=1}^{N}\int_{S_{Ei}}\sigma q(r_E)G(r,r_E)\mathrm{d}S \qquad (4\text{-}24)$$

至此，推导过程中没有采用任何近似处理。

若每一段 $S_{Ei}$ 足够小，在每段 $S_{Ei}$ 上可以将 $q(r_{Ei})$ 视为常数。由此，式（4-24）可近似表示为

$$p(r) \approx -\mathrm{j}\rho_0\omega\sum_{i=1}^{N}\sigma q(r_{Ei})vG(r,r_{Ei})S_{Ei}$$

$$= \sum_{i=1}^{N}W(r_{Ei})G(r,r_{Ei}) \qquad (4\text{-}25)$$

式（4-25）即离散化的等效源积分方程。离散后等效源的分布不再连续，而变为若干个离散点。$r_{Ei}$ 表示第 $i$ 个等效源的位置，$W(r_{Ei}) = -\mathrm{j}\rho_0\omega\sigma q(r_{Ei})S_{Ei}$ 是第 $i$ 个等效源的源强。注意离散后的源强用 $W(r_{Ei})$ 表示，用以区别于离散前的等效源的源强 $q(r_{Ei})$[4]。

采用相同的方法，可将式（4-15）和式（4-17）离散为

$$v(r) = \frac{1}{\mathrm{j}\rho_0\omega}\sum_{i=1}^{N}W(r_{Ei})\nabla G(r,r_{Ei}) \qquad (4\text{-}26)$$

$$v_n(r_S) = \frac{1}{\mathrm{j}\rho_0\omega}\sum_{i=1}^{N}W(r_{Ei})\frac{\partial G(r_S,r_{Ei})}{\partial n} \qquad (4\text{-}27)$$

式（4-25）～式（4-27）是基于等效源法的声辐射数值计算公式。计算过程为：首先采用式（4-27）由声源的表面法向振速边界条件求得等效源源强，然后

分别代入式（4-25）和式（4-26）计算该声源辐射声场中任意点的声压和质点振速，进而可以求得声强、辐射声功率和声源的指向性等。

实际中声源的表面法向振速边界条件可以通过两种方式得到：有限元分析或直接测量。不管采用哪种方法都不能获取连续分布的表面法向振速，因此计算前还需将声源表面离散为若干个表面节点，这里用 $r_{Sj}$ 表示第 $j$ 个表面节点的位置坐标，用 $N_S$ 表示表面节点的个数。声源表面离散化后的等效源法模型如图4-4所示。为保证方程的个数大于等于未知数，需要满足 $N_S \geq N$。而实际中通常选取 $N_S = N$。

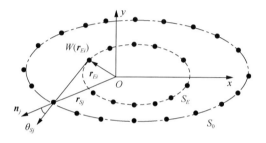

图 4-4　等效源法模型离散化示意图

将式（4-27）分别用于 $N$ 个声源表面节点 $r_{Sj}$ 可以得到 $N$ 个方程：

$$v_n\left(r_{Si}\right) = \frac{1}{\mathrm{j}\rho_0\omega}\sum_{i=1}^{N}W\left(r_{Ei}\right)\frac{\partial G\left(r_{Sj},r_{Ei}\right)}{\partial n}, \quad j=1,2,\cdots,N \qquad （4-28）$$

写成矩阵形式为

$$v_{nS} = v_{nS}^* W \qquad （4-29）$$

式中，$v_{nS} = \left[v_n\left(r_{S1}\right),v_n\left(r_{S2}\right),\cdots,v_n\left(r_{SN}\right)\right]^{\mathrm{T}}$ 为 $N$ 维列向量；$W = \left[W\left(r_{E1}\right),W\left(r_{E2}\right),\cdots,\right.$ $\left.W\left(r_{EN}\right)\right]^{\mathrm{T}}$ 也是 $N$ 维列向量；$v_{nS}^*$ 为 $N \times N$ 矩阵，参照图4-4中变量的定义，其元素为

$$\left[v_{nS}^*\right]_{ji} = \frac{1}{\mathrm{j}4\pi\rho_0\omega}\frac{\mathrm{j}k\left|r_{Sj}-r_{Ei}\right|}{\left|r_{Sj}-r_{Ei}\right|^2}\mathrm{e}^{\mathrm{j}k\left|r_{Sj}-r_{Ei}\right|}\cos\theta_{ij} \qquad （4-30）$$

同样地，可将式（4-25）和式（4-26）改写成矩阵形式：

$$p(r) = p^*(r)W \qquad （4-31）$$

$$v(r) = v^*(r)W \qquad （4-32）$$

式中，$\boldsymbol{p}^*(\boldsymbol{r}) = G(\boldsymbol{r}, \boldsymbol{r}_{Ei})$ 为 $N$ 维行向量，其中 $i = 1, 2, \cdots, N$;$\boldsymbol{v}^*(\boldsymbol{r}) = \nabla G(\boldsymbol{r}, \boldsymbol{r}_{Ei})/(j\rho_0\omega)$ 也为 $N$ 维行向量，其中 $i = 1, 2, \cdots, N$。

由式（4-29）可以求解出所有 $N$ 个等效源的源强为

$$W = \left(v_{nS}^*\right)^{-1} v_{nS} \tag{4-33}$$

将得到的等效源的源强代入式（4-31）和式（4-32）可以得到

$$p(\boldsymbol{r}) = \boldsymbol{p}^*(\boldsymbol{r}) \left(v_{nS}^*\right)^{-1} v_{nS} \tag{4-34}$$

$$v(\boldsymbol{r}) = \boldsymbol{v}^*(\boldsymbol{r}) \left(v_{nS}^*\right)^{-1} v_{nS} \tag{4-35}$$

式（4-34）和式（4-35）是基于等效源法的声辐射数值计算公式的矩阵形式。

## 4.2　基于等效源法的近场声全息基本理论

### 4.2.1　基于等效源法的近场声全息重建公式

对于基于等效源法的声辐射计算问题，声源表面上若干点处的法向振速已知，由式（4-33）可以反求得到等效源的源强向量，然后通过式（4-34）和式（4-35）计算辐射声场中的声压和质点振速，进而根据声压和质点振速计算声强和声源辐射声功率等其他参量。与基于法向振速的声辐射计算不同，基于等效源法的近场声全息是通过测量声场信息，重建声源表面的法向振速和声源辐射声场。

这里从离散化的等效源积分方程，即式（4-25），开始介绍基于等效源法的近场声全息理论。首先讨论当全息面上的测量数据为声压时的情况。假设在全息面上测量 $M$ 个点（$\boldsymbol{r}_{Hj}, j = 1, 2, \cdots, M$）的声压，则有 $M$ 个与式（4-25）相同的等式：

$$p\left(\boldsymbol{r}_{Hj}\right) = \sum_{i=1}^{N} W\left(\boldsymbol{r}_{Ei}\right) G\left(\boldsymbol{r}_{Hj}, \boldsymbol{r}_{Ei}\right), \quad j = 1, 2, \cdots, M \tag{4-36}$$

将它们写成矩阵形式为

$$\boldsymbol{p}_{H} = \boldsymbol{p}_{H}^* W \tag{4-37}$$

式中，$\boldsymbol{p}_{H} = [p(\boldsymbol{r}_{H1}), p(\boldsymbol{r}_{H2}), \cdots, p(\boldsymbol{r}_{HM})]^{T}$ 为全息面上测得的声压列向量；$\boldsymbol{p}_{H}^*$ 为 $M \times N$ 矩阵，表示全息面上声压和等效源的源强之间的传递关系，其元素为

$$\left[\boldsymbol{p}_{H}^*\right]_{ji} = G\left(\boldsymbol{r}_{Hj}, \boldsymbol{r}_{Ei}\right) \tag{4-38}$$

基于等效源法的近场声全息的第一步是由式（4-39）求取等效源的源强列向量 $W$：

$$W = \left(p_{\mathrm{H}}^*\right)^+ p_{\mathrm{H}} = \left[\left(p_{\mathrm{H}}^*\right)^{\mathrm{H}} p_{\mathrm{H}}^*\right]^{-1} \left(p_{\mathrm{H}}^*\right)^{\mathrm{H}} p_{\mathrm{H}} \tag{4-39}$$

比较式（4-33）和式（4-39）可以发现，近场声全息中向量 $W$ 的计算过程与声辐射中有所不同，因为 $p_{\mathrm{H}}^*$ 为 $M \times N$ 矩阵，所以这里计算的是广义逆。广义逆的计算可以借助于奇异值分解，$p_{\mathrm{H}}^*$ 的奇异值分解如下：

$$p_{\mathrm{H}}^* = U_{\mathrm{H}p} \Sigma_{\mathrm{H}p} V_{\mathrm{H}p}^{\mathrm{H}} \tag{4-40}$$

式中，$\Sigma_{\mathrm{H}p} = \mathrm{diag}\left(\sigma_{\mathrm{H}p1}, \sigma_{\mathrm{H}p2}, \cdots, \sigma_{\mathrm{H}pN}\right)$ 为对角矩阵，$\sigma_{\mathrm{H}pi}\,(i=1,2,\cdots,N)$ 为矩阵 $p_{\mathrm{H}}^*$ 的奇异值，满足 $\sigma_{\mathrm{H}p1} \geqslant \sigma_{\mathrm{H}p2} \geqslant \cdots \geqslant \sigma_{\mathrm{H}pN} > 0$；$U_{\mathrm{H}p}$ 和 $V_{\mathrm{H}p}$ 为两个酉矩阵。

将式（4-40）代入式（4-39），可得

$$W = V_{\mathrm{H}p} \Sigma_{\mathrm{H}p}^{-1} U_{\mathrm{H}p}^{\mathrm{H}} p_{\mathrm{H}} \tag{4-41}$$

将式（4-41）代入式（4-29）可以得到声源表面法向振速的重建公式为

$$v_{nS}\left(r\right) = v_{nS}^*\left(r\right) V_{\mathrm{H}p} \Sigma_{\mathrm{H}p}^{-1} U_{\mathrm{H}p}^{\mathrm{H}} p_{\mathrm{H}} \tag{4-42}$$

将式（4-41）代入式（4-31）可以得到任意场点 $r$ 处的声压重建公式为

$$p\left(r\right) = p^*\left(r\right) V_{\mathrm{H}p} \Sigma_{\mathrm{H}p}^{-1} U_{\mathrm{H}p}^{\mathrm{H}} p_{\mathrm{H}} \tag{4-43}$$

将式（4-41）代入式（4-32）可以得到任意场点 $r$ 处的质点振速重建公式为

$$v\left(r\right) = v^*\left(r\right) V_{\mathrm{H}p} \Sigma_{\mathrm{H}p}^{-1} U_{\mathrm{H}p}^{\mathrm{H}} p_{\mathrm{H}} \tag{4-44}$$

式（4-42）～式（4-44）即基于等效源法的近场声全息重建公式。

## 4.2.2　基于质点振速的等效源法近场声全息重建公式

全息面上的质点振速矢量包含和复声压一样的声场信息，因此也可以作为近场声全息中声场重建计算的输入量。本节就在质点振速测量的基础上介绍等效源法的近场声全息。

基于质点振速测量的近场声全息理论与基于声压测量的近场声全息理论相比，只是输入量和传递矩阵发生了变化。下面采用简单源作为等效源，进行基于质点振速的等效源法近场声全息变换方法说明。

假设在全息面上测量 $M$ 个点（$r_{\mathrm{H}j}$，$j=1,2,\cdots,M$）的法向质点振速，则有 $M$ 个等式：

$$v\left(r_{\mathrm{H}j}\right) = \frac{1}{\mathrm{j}\rho_0 \omega} \sum_{i=1}^{N} W\left(r_{Ei}\right) \frac{\partial G\left(r_{\mathrm{H}i}, r_{Ei}\right)}{\partial n_{\mathrm{H}}}, \quad j=1,2,\cdots,M \tag{4-45}$$

式中，$n_H$ 表示全息面的外法向。

将式（4-45）表示成矩阵形式为

$$v_H = v_H^* W \tag{4-46}$$

式中，$v_H = \left[ v(r_{H1}), v(r_{H2}), \cdots, v(r_{HM}) \right]^T$ 为测得的全息面法向振速列向量；$v_H^*$ 为 $M \times N$ 矩阵，其元素为

$$\left[ v_H^* \right]_{ji} = \frac{1}{\mathrm{j}\rho_0 \omega} \frac{\partial G(r_{Hj}, r_{Ei})}{\partial n_H} \tag{4-47}$$

由式（4-47）可以求解等效源的源强列向量 $W$：

$$W = (v_H^*)^+ v_H = \left[ (v_H^*)^H v_H^* \right]^{-1} (v_H^*)^H v_H \tag{4-48}$$

将矩阵 $v_H^*$ 奇异值分解为如下形式：

$$v_H^* = U_{Hv} \sum_{Hv} V_{Hv}^H = U_{Hv} \mathrm{diag}\left( \sigma_{Hv1}, \sigma_{Hv2}, \cdots, \sigma_{HvN} \right) V_{Hv}^H \tag{4-49}$$

基于质点振速测量时，近场声全息重建过程中也存在解的不稳定性，需要采用正则化加以控制。将奇异值分解结果代入式（4-49），并引入正则化，可得

$$W_{\mathrm{reg}} = V_{Hv} \mathrm{diag}\left( \frac{f_1}{\sigma_{Hv1}}, \frac{f_2}{\sigma_{Hv2}}, \cdots, \frac{f_i}{\sigma_{Hvi}}, \cdots, \frac{f_N}{\sigma_{HvN}} \right) U_{Hv}^H v_H \tag{4-50}$$

可得到基于质点振速测量和等效源法的声源表面法向振速、任意场点 $r$ 处的声压和质点振速的重建公式。

为便于理解，下面以两端带球帽圆柱壳结构为例，比较边界元法近场声全息和等效源法近场声全息[5]。

数值仿真算例采用了带球帽的圆柱壳模型，如图 4-5 所示。流体中声速 1500m/s，流体密度 1000kg/m³。坐标原点位于模型中心。

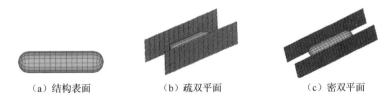

（a）结构表面　　　　　　（b）疏双平面　　　　　　（c）密双平面

图 4-5　结构模型及不同的双平面全息面

本算例中的声源总长度为 0.48m，圆柱壳部分长 0.36m，球帽半径 0.06m。采用点源替代法，能够计算得到全息面和重建面上的声学量。在结构的中心存在一点声源激励点，发射频率为 4000～8000Hz，在模型表面进行网格划分，共有 290 个节点和 288 个四边形单元。

全息面根据测点疏密不同取为以下两种：①疏双平面，测量尺寸为 0.9m×0.9m，测点间距为 0.06m，测点个数为 512，平面距结构表面 0.04m；②密双平面，测量尺寸不变，测点间隔为 0.03m，测点个数为 1922，平面与结构表面距离不变。

比较不同全息面时圆柱壳体表面节点声压重建误差，误差计算公式如下：

$$\eta = \sqrt{\frac{\sum\limits_{i=1}^{N}\left|p_i^t - p_i^r\right|^2}{\sum\limits_{i=1}^{N}\left|p_i^t\right|^2}} \times 100\% \tag{4-51}$$

式中，$N$ 为重建场点的个数；$p_i^t$ 为重建面上第 $i$ 个节点处的理论声压；$p_i^r$ 为第 $i$ 个节点处的重建声压。

重建误差如图 4-6 所示，可以看出：当采用边界元法进行重建时，疏双平面全息面误差较大，而密双平面由于测点间距变小，重建精度有所提高；而采用等效源法进行重建时，不论采用哪种全息面，重建误差都在 3% 以内，精度很高。在测点间距较疏时，应用等效源方法相对于边界元法具有明显优势。

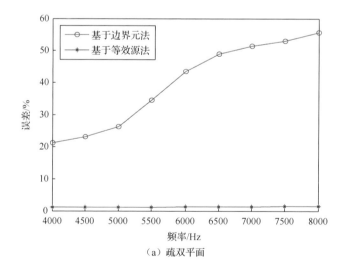

（a）疏双平面

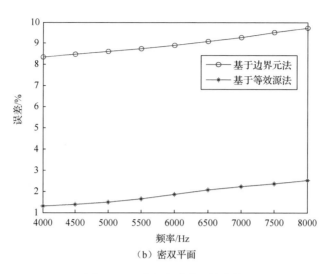

（b）密双平面

图 4-6　两种方法重建误差曲线

我们分别采用点源激励与简谐力激励两种模型进行了全息面重建精度分析，模型材料密度 $7.8×10^3 kg/m^3$，杨氏模量 $E = 2.1×10^{11} N/m^2$，泊松比为 0.3。点源激励时，有强度相同的四个点源，分别位于(-0.055m, 0.12m, 0)、(-0.055m, -0.12m, 0)、(0.055m, 0.12m, 0)、(0.055m, -0.12m, 0)，如图 4-7（a）所示。简谐力激励时，有径向和轴向两个激励源，其中径向激励位于(-0.06m, 0.12m, 0)，轴向激励位于(0, 0.24m, 0)，如图 4-7（b）所示。为了比较不同全息面的重建精度，我们分别采用了柱面和双平面全息面进行计算分析。

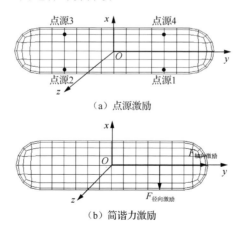

（a）点源激励

（b）简谐力激励

图 4-7　圆柱壳点源激励和简谐力激励示意图

　　柱面全息面长 1m，半径为 0.12m，轴向采样间隔为 0.042m，周向采样间隔为 12°；双平面全息面长 1m，宽 0.85m，测点间隔均为 0.05m，两个全息面与坐标原点间距均为 0.12m；重建面长 1m，半径为 0.1m，轴向间隔为 0.1m，周向采样间隔为 12°。

　　声源频率 $f$=400Hz 时，四个点源激励模型的重建结果（dB，参考值为 1E-6Pa）与精度如图 4-8 所示。

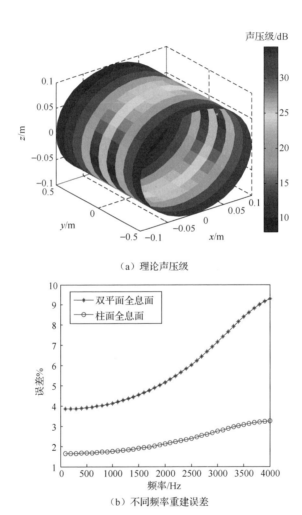

（a）理论声压级

（b）不同频率重建误差

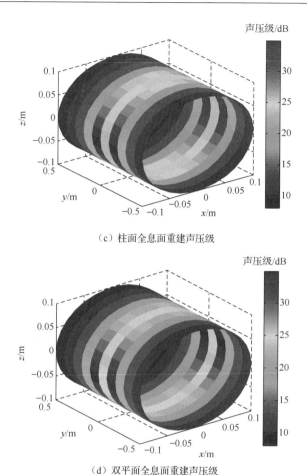

（c）柱面全息面重建声压级

（d）双平面全息面重建声压级

图 4-8　重建误差比较（彩图附书后）

　　从图 4-8 中能够看到，采用两种全息面的重建效果都很好，重建的声压幅值与理论值相吻合，并且可以很直观地看到不同声源的位置。图 4-8（b）给出了当频率变化时两种全息面的重建误差。在整个频段内两种全息面误差都较小，当声源频率升高，误差逐渐增大，但采用柱面全息面由于包围了整个结构得到了较多的声场信息，其重建误差始终小于双平面全息面。

　　下面继续分析该结构在受到激励力作用时的重建精度，将采用等效源法的全息计算结果与 FEM+BEM 数值计算结果相比较。

　　图 4-9 给出了 100Hz 时声压幅值的重建结果。可以看到，不同激励方式得到的重建效果和数值方法相比误差很小，随着频率升高，误差逐渐增大，这与前面点源得到的结论一致。

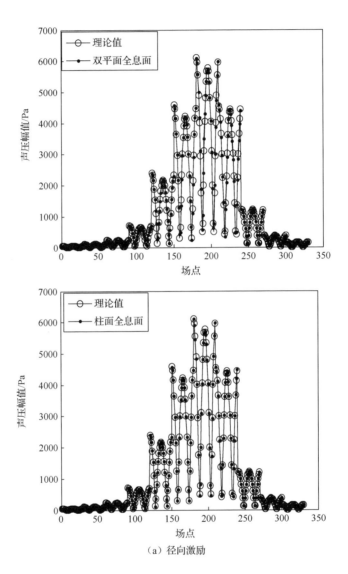

（a）径向激励

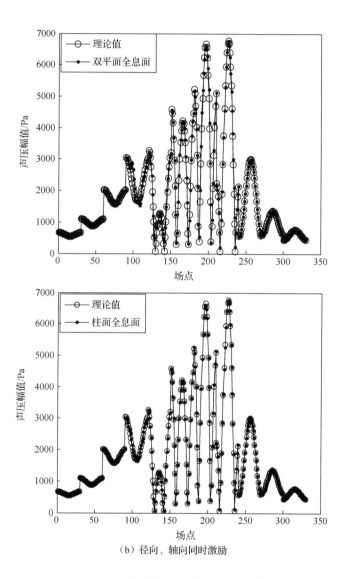

（b）径向、轴向同时激励

图 4-9　结构受简谐力激励时重建效果

不同频率的重建误差见表 4-1。

表 4-1　频率变化时的声场重建误差

| 激励力频率 $f$/Hz | 径向激励时重建误差/% | | 径向、轴向同时激励时重建误差/% | |
|---|---|---|---|---|
| | 柱面 | 双平面 | 柱面 | 双平面 |
| 100 | 1.05 | 5.03 | 1.55 | 8.00 |
| 400 | 1.91 | 10.53 | 2.17 | 15.09 |
| 1000 | 4.72 | 29.55 | 4.39 | 32.14 |

从以上算例的仿真结果可看出，基于等效源法的近场声全息技术可以有效稳健地进行声场变换。针对水下结构，当声源频率较低时，采用双平面全息面进行非共形测量也可得到较好的重建效果，而采用柱面全息面时，其重建误差在全频段内都小于双平面全息面，并且精度较高。

## 4.2.3　基于等效源法的声场分离技术

### 1. 基于声压测量的双平面声场分离公式

如果全息面的两侧都有声源，则全息面上的声压为两侧声压的叠加[6]，如图 4-10 所示。

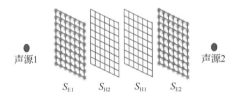

图 4-10　全息面两侧均有声源示意图

全息面 $S_{H1}$ 上的声压 $\boldsymbol{p}_{H1}$ 为声源 1 和声源 2 在全息面 $S_{H1}$ 上产生的声压叠加，即

$$\boldsymbol{p}_{H1} = \boldsymbol{p}_{H1}^{I} + \boldsymbol{p}_{H1}^{II} \tag{4-52}$$

式中，$\boldsymbol{p}_{H1}^{I}$ 为声源 1 在全息面 $S_{H1}$ 上辐射的声压；$\boldsymbol{p}_{H1}^{II}$ 为声源 2 在全息面 $S_{H1}$ 上辐射的声压。同理，全息面 $S_{H2}$ 上的声压 $\boldsymbol{p}_{H2}$ 可以表示为

$$\boldsymbol{p}_{H2} = \boldsymbol{p}_{H2}^{I} + \boldsymbol{p}_{H2}^{II} \tag{4-53}$$

式中，$\boldsymbol{p}_{H2}^{I}$ 为声源 1 在全息面 $S_{H2}$ 上辐射的声压；$\boldsymbol{p}_{H2}^{II}$ 为声源 2 在全息面 $S_{H2}$ 上辐射的声压。

由等效源法原理可知，声源 1 在全息面 $S_{H1}$ 和 $S_{H2}$ 上辐射的声压 $\boldsymbol{p}_{H1}^{I}$ 和 $\boldsymbol{p}_{H2}^{I}$ 可以通过在全息面 $S_{H1}$ 与声源 1 之间设置的虚源面 $S_{E1}$ 上分布一系列等效源来近似，即

$$\boldsymbol{p}_{H1}^{I} = \left(\boldsymbol{p}_{H1}^{I}\right)^{*} \boldsymbol{W}_{1} \tag{4-54}$$

$$\boldsymbol{p}_{H2}^{I} = \left(\boldsymbol{p}_{H2}^{I}\right)^{*} \boldsymbol{W}_{1} \tag{4-55}$$

式中，$\boldsymbol{W}_{1}$ 为虚源面 $S_{E1}$ 上等效的源强列向量；$\left(\boldsymbol{p}_{H1}^{I}\right)^{*}$ 为虚源面 $S_{E1}$ 上等效源与全息面 $S_{H1}$ 上声压之间的传递矩阵；$\left(\boldsymbol{p}_{H2}^{I}\right)^{*}$ 为虚源面 $S_{E1}$ 上等效源与全息面 $S_{H2}$ 上声压之间的传递矩阵。

同理，声源 2 在全息面 $S_{H1}$ 和 $S_{H2}$ 上辐射的声压 $\boldsymbol{p}_{H1}^{II}$ 和 $\boldsymbol{p}_{H2}^{II}$ 可以通过在全息面 $S_{H2}$ 与声源2之间设置的虚源面 $S_{E2}$ 上分布一系列等效源来近似，即

$$\boldsymbol{p}_{H1}^{II} = \left(\boldsymbol{p}_{H1}^{II}\right)^{*} \boldsymbol{W}_{2} \tag{4-56}$$

$$\boldsymbol{p}_{H2}^{II} = \left(\boldsymbol{p}_{H2}^{II}\right)^{*} \boldsymbol{W}_{2} \tag{4-57}$$

式中，$\boldsymbol{W}_{2}$ 为虚源面 $S_{E2}$ 上等效的源强列向量；$\left(\boldsymbol{p}_{H1}^{II}\right)^{*}$ 为虚源面 $S_{E2}$ 上等效源与全息面 $S_{H1}$ 上声压之间的传递矩阵；$\left(\boldsymbol{p}_{H2}^{II}\right)^{*}$ 为虚源面 $S_{E2}$ 上等效源与全息面 $S_{H2}$ 上声压之间的传递矩阵。

将式（4-54）～式（4-57）分别代入式（4-52）和式（4-53），则可得如下关系：

$$\boldsymbol{p}_{H1} = \left(\boldsymbol{p}_{H1}^{I}\right)^{*} \boldsymbol{W}_{1} + \left(\boldsymbol{p}_{H1}^{II}\right)^{*} \boldsymbol{W}_{2} \tag{4-58}$$

$$\boldsymbol{p}_{H2} = \left(\boldsymbol{p}_{H2}^{I}\right)^{*} \boldsymbol{W}_{1} + \left(\boldsymbol{p}_{H2}^{II}\right)^{*} \boldsymbol{W}_{2} \tag{4-59}$$

首先定义两个中间变量，令

$$\boldsymbol{G}_{1} = \left(\boldsymbol{p}_{H1}^{I}\right)^{*} \left[\left(\boldsymbol{p}_{H2}^{I}\right)^{*}\right]^{+} \tag{4-60}$$

$$\boldsymbol{G}_{2} = \left(\boldsymbol{p}_{H1}^{II}\right)^{*} \left[\left(\boldsymbol{p}_{H2}^{II}\right)^{*}\right]^{+} \tag{4-61}$$

将式（4-59）等号两侧同时乘以 $\boldsymbol{G}_{2}$，则式（4-59）变为

$$\boldsymbol{G}_{2} \boldsymbol{p}_{H2} = \boldsymbol{G}_{2} \left(\boldsymbol{p}_{H2}^{I}\right)^{*} \boldsymbol{W}_{1} + \left(\boldsymbol{p}_{H1}^{II}\right)^{*} \boldsymbol{W}_{2} \tag{4-62}$$

将式（4-58）减去式（4-62），可得

$$p_{H1} - G_2 p_{H2} = \left[\left(p_{H1}^{I}\right)^{*} - G_2\left(p_{H2}^{I}\right)^{*}\right]W_1 \tag{4-63}$$

对式（4-63）中矩阵 $\left[\left(p_{H1}^{I}\right)^{*} - G_2\left(p_{H2}^{I}\right)^{*}\right]$ 求广义逆，则可得

$$W_1 = \left[\left(p_{H1}^{I}\right)^{*} - G_2\left(p_{H2}^{I}\right)^{*}\right]^{+}\left(p_{H1} - G_2 p_{H2}\right) \tag{4-64}$$

将式（4-59）等号两侧同时乘以 $G_1$，则式（4-59）变为

$$G_1 p_{H2} = \left(p_{H1}^{I}\right)^{*} W_1 + G_1\left(p_{H2}^{II}\right)^{*} W_2 \tag{4-65}$$

将式（4-58）减去式（4-65）可得

$$p_{H1} - G_1 p_{H2} = \left[\left(p_{H1}^{II}\right)^{*} - G_1\left(p_{H2}^{II}\right)^{*}\right]W_2 \tag{4-66}$$

对式（4-66）中矩阵 $\left[\left(p_{H1}^{II}\right)^{*} - G_1\left(p_{H2}^{II}\right)^{*}\right]$ 求广义逆，则可得

$$W_2 = \left[\left(p_{H1}^{II}\right)^{*} - G_1\left(p_{H2}^{II}\right)^{*}\right]^{+}\left(p_{H1} - G_2 p_{H2}\right) \tag{4-67}$$

将式（4-64）和式（4-67）分别代入式（4-54）～式（4-57），可以获得声源 1 和声源 2 在全息面 $S_{H1}$ 和全息面 $S_{H2}$ 上单独辐射的声压 $p_{H1}^{I}$、$p_{H2}^{I}$、$p_{H1}^{II}$ 和 $p_{H2}^{II}$。

根据等效源法原理，声源 1 和声源 2 在全息面 $S_{H1}$ 和 $S_{H2}$ 上辐射的法向质点振速与虚源面 $S_{E1}$ 和 $S_{E2}$ 上等效源之间的关系为

$$v_{H1}^{I} = \left(v_{H1}^{I}\right)^{*} W_1 \tag{4-68}$$

$$v_{H2}^{I} = \left(v_{H2}^{I}\right)^{*} W_1 \tag{4-69}$$

$$v_{H1}^{II} = \left(v_{H1}^{II}\right)^{*} W_2 \tag{4-70}$$

$$v_{H2}^{II} = \left(v_{H2}^{II}\right)^{*} W_2 \tag{4-71}$$

式中，$v_{H1}^{I}$ 为声源 1 在全息面 $S_{H1}$ 上辐射的法向质点振速；$v_{H1}^{II}$ 为声源 2 在全息面 $S_{H1}$ 上辐射的法向质点振速；$v_{H2}^{I}$ 为声源 1 在全息面 $S_{H2}$ 上辐射的法向质点振速；$v_{H2}^{II}$ 为声源 2 在全息面 $S_{H2}$ 上辐射的法向质点振速；$\left(v_{H1}^{I}\right)^{*}$ 为虚源面 $S_{E1}$ 上等效源与全息面 $S_{H1}$ 上法向质点振速之间的传递矩阵；$\left(v_{H2}^{I}\right)^{*}$ 为虚源面 $S_{E1}$ 上等效源与全息面 $S_{H2}$ 上法向质点振速之间的传递矩阵；$\left(v_{H1}^{II}\right)^{*}$ 为虚源面 $S_{E2}$ 上等效源与全息面 $S_{H1}$

上法向质点振速之间的传递矩阵；$\left(v_{H2}^{II}\right)^{*}$ 为虚源面 $S_{E2}$ 上等效源与全息面 $S_{H2}$ 上法向质点振速之间的传递矩阵。

将式（4-64）和式（4-67）分别代入式（4-68）～式（4-71），则可得声源 1 和声源 2 在全息面 $S_{H1}$ 和 $S_{H2}$ 上单独产生的法向质点振速。通过上述过程，实现了全息面上声压和法向质点振速的分离，进而可以采用分离的声压和质点振速重建整个声场。

### 2. 基于质点振速测量的双面声场分离公式

声场分离也可以通过质点振速测量来实现，由于质点振速具有方向性，在此定义声源 1 向外辐射方向为正方向。由于全息面 $S_{H1}$ 和 $S_{H2}$ 上的法向质点振速均为两侧声源辐射法向质点振速的组合，则可以分别表示为

$$v_{H1} = v_{H1}^{I} - v_{H1}^{II} \qquad (4\text{-}72)$$

$$v_{H2} = v_{H2}^{I} - v_{H2}^{II} \qquad (4\text{-}73)$$

将两全息面上法向质点振速与等效源关系式（4-68）～式（4-71）分别代入式（4-72）和式（4-73），则可得如下关系：

$$v_{H1} = \left(v_{H1}^{I}\right)^{*} W_{1} - \left(v_{H1}^{II}\right)^{*} W_{2} \qquad (4\text{-}74)$$

$$v_{H2} = \left(v_{H2}^{I}\right)^{*} W_{1} - \left(v_{H2}^{II}\right)^{*} W_{2} \qquad (4\text{-}75)$$

同样首先定义两个中间变量，即令

$$H_{1} = \left(v_{H1}^{I}\right)^{*}\left[\left(v_{H2}^{I}\right)^{*}\right]^{+} \qquad (4\text{-}76)$$

$$H_{2} = \left(v_{H1}^{II}\right)^{*}\left[\left(v_{H2}^{II}\right)^{*}\right]^{+} \qquad (4\text{-}77)$$

可得全息面两侧等效的源强列向量分别为

$$W_{1} = \left[\left(v_{H1}^{I}\right)^{*} - H_{2}\left(v_{H2}^{I}\right)^{*}\right]^{+}\left(v_{H1} - H_{2} v_{H2}\right) \qquad (4\text{-}78)$$

$$W_{2} = \left[\left(v_{H1}^{II}\right)^{*} - H_{1}\left(v_{H2}^{II}\right)^{*}\right]^{+}\left(H_{2} v_{H2} - v_{H1}\right) \qquad (4\text{-}79)$$

将式（4-78）和式（4-79）获得的等效源的源强列向量 $W_{1}$ 和 $W_{2}$ 代入式（4-54）～式（4-57）以及式（4-68）～式（4-71），则可以获得两侧声源分别在两全息面上产生的声压和法向质点振速。

### 3. 基于声压和质点振速测量的单面声场分离公式

基于等效源法的声场分离方法同样可以通过测量单个全息面上的声压和法向振速来实现。

全息面 $S_{H1}$ 上声压为声源 1 和声源 2 产生声压的叠加，可以表示为式（4-52）的形式。全息面 $S_{H1}$ 上法向质点振速为声源 1 和声源 2 产生的法向质点振速的叠加，可以表示为式（4-73）的形式。全息面 $S_{H1}$ 上声源 1 辐射的声压 $\boldsymbol{p}_{H1}^{\mathrm{I}}$ 和法向质点振速 $\boldsymbol{v}_{H1}^{\mathrm{I}}$ 通过在全息面 $S_{H1}$ 与声源 1 之间设置的虚源面 $S_{E1}$ 上分布一系列等效源来近似，可以分别表示为式（4-54）和式（4-68）的形式；全息面 $S_{H1}$ 上声源 2 辐射的声压 $\boldsymbol{p}_{H1}^{\mathrm{II}}$ 和法向质点振速 $\boldsymbol{v}_{H1}^{\mathrm{II}}$ 通过在全息面 $S_{H1}$ 与声源 2 之间设置的虚源面 $S_{E2}$ 上分布一系列等效源来近似，可以分别表示为式（4-56）和式（4-70）的形式。因此，全息面 $S_{H1}$ 上声压和法向质点振速与两侧等效源之间的关系可以表示为式（4-54）和式（4-74）的形式。

定义两个中间变量 $\boldsymbol{Q}_1$、$\boldsymbol{Q}_2$，令

$$\boldsymbol{Q}_1 = \left(\boldsymbol{p}_{H1}^{\mathrm{I}}\right)^* \left[\left(\boldsymbol{v}_{H1}^{\mathrm{I}\,*}\right)\right]^+ \tag{4-80}$$

$$\boldsymbol{Q}_2 = \left(\boldsymbol{p}_{H1}^{\mathrm{II}}\right)^* \left[\left(\boldsymbol{v}_{H1}^{\mathrm{II}\,*}\right)\right]^+ \tag{4-81}$$

采用与 4.2.3 小节中"1. 基于声压测量的双平面声场分离公式"同样的求解方式，可以获得全息面两侧等效源的源强列向量分别为

$$\boldsymbol{W}_1 = \left[\left(\boldsymbol{p}_{H1}^{\mathrm{I}}\right)^* + \boldsymbol{Q}_2\left(\boldsymbol{v}_{H1}^{\mathrm{I}}\right)^*\right]^+ \left(\boldsymbol{p}_{H1} + \boldsymbol{Q}_2 \boldsymbol{v}_{H1}\right) \tag{4-82}$$

$$\boldsymbol{W}_2 = \left[\left(\boldsymbol{p}_{H1}^{\mathrm{II}}\right)^* + \boldsymbol{Q}_2\left(\boldsymbol{v}_{H1}^{\mathrm{II}}\right)^*\right]^+ \left(\boldsymbol{p}_{H1} - \boldsymbol{Q}_1 \boldsymbol{v}_{H1}\right) \tag{4-83}$$

将上述求得的等效源的源强列向量 $\boldsymbol{W}_1$ 和 $\boldsymbol{W}_2$ 代入式（4-54）～式（4-57）以及式（4-68）～式（4-71），则可以获得两侧声源分别在两全息面上产生的声压和法向质点振速，并可进一步进行近场声全息分析。

## 4.3　基于等效源法的近场声全息中的关键问题

由声场重构的过程可以看出，等效源的源强属于中间变量，声场重构精度由声压、法向振速、联系源点和场点的传递函数决定。其特性由源点和场点的分布决定，误差可能来自源点和场点。因此，若想获得较高的精度，必须合理地配置等效源。而如何合理配置，目前尚缺乏明确的理论依据。从原理上来说，等效源配置不是唯一的，等效源配置的好坏会对重构结果的精度产生显著影响。因为求

解源强属于声学逆问题，即非适定性问题，而在测量中，声压、法向振速又可能会代入测量误差，利用包含误差的测量数据直接进行求解无法获得正确结果，所以还需要采用正则化方法求解。因此，可将重构精度的影响因素确定为以下几个方面：全息面、等效源面、重构面、波数、测量误差与正则化方法。经过多年研究，学者已经找到了一些提高重构精度的规律[7]。

（1）等效源面的形状会对重建结果产生显著影响。等效源需要配置在辐射体内部，最好与辐射体表面共形。为保证高的重构精度，建议缩小比例在 0.8 以下。等效源的数目对重建精度的影响明显小于等效源面的影响。在保证足够精度的情况下，可以根据需要采用尽量少的等效源以降低测量成本。

（2）全息面并不需要与物体表面共形，测量距离与重构距离对声场重构精度影响不大，所以不必在近场测量。但可以预见，随着测量距离的增大，包含在测量数据中的倏逝波成分将减少，其分辨率也随之降低。

（3）在信噪比较高的测量情况下，是不需要正则化处理的。

在以上基础上，本节针对自由水域中球壳模型，使用有限元计算软件 COMSOL 建立声场模型，球壳中心位于坐标原点，球壳半径 0.5m，球壳厚度 0.02m，在球壳上施加一个点激励，激励力大小 1N。材料密度 $7.8\times10^3\text{kg/m}^3$，杨氏模量 $2.05\times10^3\text{N/m}^2$，泊松比 0.28。本节讨论不同全息面布放方式、不同全息测点间距对重建精度的影响。

**1. 全息面布放方式**

全息面采用以下两种布放方式：①单平面全息面，测量尺寸 1.5m×1.5m，测点间距 0.1m，平面距离坐标原点 0.8m，测点数 961 个；②双平面全息面，测量尺寸 1.5m×1.5m，测点间距 0.1m，平面距离坐标原点 0.8m，测点数 1922 个，双平面分别位于结构两侧。全息面示意图如图 4-11 所示。

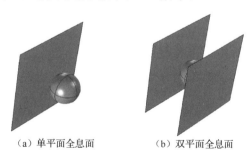

（a）单平面全息面　　　　（b）双平面全息面

图 4-11　全息面示意图

以上仿真条件下得到的部分重建结果如图 4-12、图 4-13 所示。比较采用不同全息面时重建面声压重建误差，重建误差见图 4-14 所示。

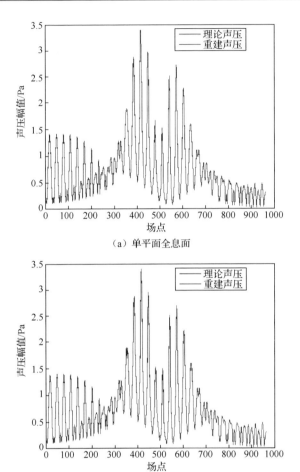

（a）单平面全息面

（b）双平面全息面

图 4-12 全息重建结果与理论值对比（$f$=1000Hz）（彩图附书后）

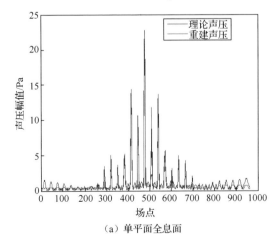

（a）单平面全息面

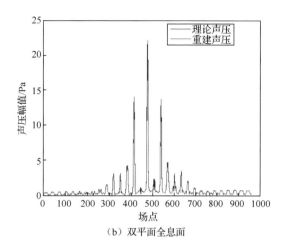

（b）双平面全息面

图 4-13　全息重建结果与理论值对比（$f$=1800Hz）（彩图附书后）

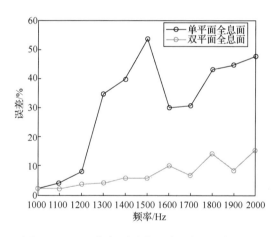

图 4-14　不同全息面重建误差（彩图附书后）

可以看出，当频率较低时，单平面全息面和双平面全息面重建效果均较好，原因是当频率较低时，波长相对于全息测点间距较大，采集到的声场信息较全面，对于虚拟源源强的反推较为准确，重建效果较好。当频率较高时，采用单平面全息面进行重建，重建误差较大；而采用双平面全息面进行重建，重建精度有所提高。原因是随着频率增高，波长减小，波长相对于全息测点间距较小，单平面全息面采集到的声场信息较少，对虚拟源源强的反推误差较大，重建效果较差。而当采用双平面全息面测量时，由于测点数目增加，采集到的声场信息较为全面，对虚拟源源强的反推较为准确，重建效果较好。

2. 全息测点密度

全息面根据测点间距不同取以下两种：①双疏平面全息面，全息面尺寸 1.5m×1.5m，测点间距 0.3m，平面距离坐标原点 0.8m，测点数 242 个；②双密平面全息面，全息面尺寸 1.5m×1.5m，测点间距 0.1m，平面距离坐标原点 0.8m，测点数 1922 个。不同全息测点间距时声场重建面重建误差如图 4-15 所示。

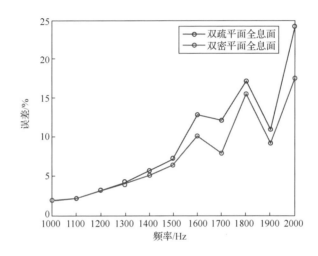

图 4-15　不同全息测点间距重建误差（彩图附书后）

可以看出，当采用双密平面全息面进行声场重建时重建误差略小于采用双疏平面全息面进行声场重建，这是由于采用双密平面全息面进行测量时，采集到的声场信息较多，所以对虚拟源源强的反推较为准确，重建效果较好。由于基于双平面全息面的全息测试数据较少时，源面信息重建精度也较高，因此，当实际情况不允许大量全息数据采集时，可以先针对待分析结构进行数值仿真分析，根据具体需求确定全息测量参数。

## 参 考 文 献

[1] Koopmann G H, Song L, Fahnline J B. A method for computing acoustic fields based on the principle of wave superposition[J]. The Journal of the Acoustical Society of America, 1989, 86(6): 2433-2438.

[2] 向阳, Koopmann G H. 基于波叠加原理的辐射声场的计算研究[J]. 武汉理工大学学报(交通科学与工程版), 2005(1):1-4.

[3] 陈鸿洋, 商德江, 李琪, 等. 声场匹配波叠加法的水下结构声辐射预报[J]. 声学学报, 2013, 38(2): 137-146.

[4]　李卫兵, 陈剑, 毕传兴, 等. 联合波叠加法的全息理论与实验研究[J]. 物理学报, 2006, 55(3): 1264-1270.

[5]　孙超, 何元安, 刘月婵. 水下大型结构声场全息重建的波叠加方法研究[J]. 船舶力学, 2013, 17(5): 567-575.

[6]　毕传兴, 张永斌, 徐亮, 等. 采用双面振速测量和等效源法分离声场的方法: 200910117020.6[P]. 2009-10-28.

[7]　李加庆, 陈进, 杨超, 等. 波叠加声场重构精度的影响因素分析[J]. 物理学报, 2008, 57(7): 4258-4264.

# 第5章 基于有限元法的近场声全息

在实际工程应用中常常无法满足全息测量所要求的自由场条件，此时利用近场声全息技术进行声源识别时，声图像中会产生虚假声源，重建精度非常低。为了保证近场声全息测量数据的准确性和有效性，测量水下声源的辐射声场要求的环境为实验室内消声水池或者在广阔、较深且周围安静的湖泊，但是成本较高，不易实现，并且消声水池往往受到频率下限的影响，不宜测量低频声源。

针对半空间环境，可以利用水面的绝对软性质，对全息重建公式进行变换，去掉水面干扰[1]。对于其他有界空间，可以采用上述章节中介绍的双平面全息面测试的方法，或者声压与振速联合测试的方法进行声场分离，但这些方法的重建精度受全息测试参数影响较大。本章提出一种基于有限元法的近场声全息变换方法，可以用于有限空间以及其他非自由场条件下的源面信息获取，并可以对其在自由空间或其他有界空间中的声场进行重建。

## 5.1 有限元基本理论

在数学中，有限元法是一种求解偏微分方程边值问题近似解的数值技术。求解时对整个问题区域进行分解，每个子区域都是简单的部分，这种简单部分就称作有限元。它通过变分方法，使得误差函数达到最小值并产生稳定解。类比于连接多段微小直线逼近圆的思想，有限元法包含了一切可能的方法，这些方法将许多被称为有限元的小区域上的简单方程联系起来，并用其去估计更大区域上的复杂方程。它将求解域看成由许多称为有限元的小的互连子域组成，对每一单元假定一个合适的（较简单的）近似解，然后推导求解这个域总的满足条件（如结构的平衡条件），从而得到问题的解。这个解不是准确解，而是近似解，因为实际问题被较简单的问题所代替。由于大多数实际问题难以得到准确解，而有限元不仅计算精度高，而且能适应各种复杂形状，因而成为行之有效的工程分析手段[2]。有限元法分析计算的思路可归纳如下。

### 1. 物体离散化

将某个工程结构离散为由各种单元组成的计算模型，这一步称作单元剖分。

离散后单元与单元之间利用单元的节点相互连接起来。单元节点的设置、性质、数目等，应视问题的性质、描述变形形态的需要和计算精度而定（一般情况，单元划分越细则描述变形情况越精确，即越接近实际变形，但计算量越大）。所以有限元中分析的结构已不是原有的物体或结构体，而是同型材料的、由众多单元以一定方式连接成的离散物体。这样用有限元分析计算所获得的结果只是近似的。如果划分单元数目非常多而又合理，则所获得的结果就与实际情况相符合。

2. 位移模式选择

在有限元法中，选择节点位移作为基本未知量时称为位移法，选择节点力作为基本未知量时称为力法，取一部分节点力和一部分节点位移作为基本未知量时称为混合法。位移法易于实现计算自动化，所以在有限元法中位移法应用范围最广。

当采用位移法时，物体或结构体离散化之后，就可把单元总的一些物理量如位移、应变和应力等由节点位移来表示。这时可以对单元中位移的分布采用一些能逼近原函数的近似函数予以描述。通常，有限元法将位移表示为坐标变量的简单函数，这种函数称为位移模式或位移函数。

3. 力学性质分析

根据单元的材料性质、形状、尺寸、节点数目、位置及其含义等，找出单元节点力和节点位移的关系式，这是单元分析中的关键。此时需要应用弹性力学中的几何方程和物理方程来建立力和位移的方程，从而导出单元刚度矩阵，这是有限元法的基本步骤之一。

4. 等效节点力求解

物体离散化后，假定力是通过节点从一个单元传递到另一个单元。但是，对于实际的连续体，力是从单元的公共边传递到另一个单元中去的。因而，这种作用在单元边界上的表面力、体积力和集中力都需要等效地移到节点上去，也就是用等效的节点力来代替所有作用在单元上的力。

目前，关于有限元计算已经形成很多成熟的商业软件，用户只需根据所要解决的问题进行网格划分，即可进行有限元计算，常用的有限元软件有 ANSYS、COMSOL、ACTRAN 等。

## 5.2　有限元法近场声全息基本关系式

采用有限元法解决有界空间中的全息变换问题时，主要是与等效源法相结合，利用有限元法来获取有界空间中各点与等效源点之间的声场格林函数，进而采用等效源法进行全息变换[3]。

如图 5-1 所示，任意形状的辐射体在场点 $r$ 处的辐射声压是结构内部所有声源产生声场的积分形式：

$$p(\boldsymbol{r}) = \mathrm{j}\rho_0\omega\iiint\limits_{D_-} q(\boldsymbol{r}_0)G(\boldsymbol{r},\boldsymbol{r}_0)\mathrm{d}D_-(\boldsymbol{r}_0) \tag{5-1}$$

式中，$\omega$ 为声源的角频率；$\rho_0$ 为介质的密度；$q(\boldsymbol{r}_0)$ 为等效源的源强；$G(\boldsymbol{r},\boldsymbol{r}_0)$ 为自由场格林函数（时间因子取负），表达式如下：

$$G(\boldsymbol{r},\boldsymbol{r}_0) = \frac{\mathrm{e}^{jk|\boldsymbol{r}-\boldsymbol{r}_0|}}{4\pi|\boldsymbol{r}-\boldsymbol{r}_0|} = \frac{\mathrm{e}^{jkR}}{4\pi R} \tag{5-2}$$

其中，$R$ 表示场点 $r$ 与虚源 $\boldsymbol{r}_0$ 之间的距离。格林函数满足

$$(\nabla^2 + k^2)G(\boldsymbol{r},\boldsymbol{r}_0) = -\delta(\boldsymbol{r},\boldsymbol{r}_0) \tag{5-3}$$

式中，$k$ 为波数；$\delta(\boldsymbol{r},\boldsymbol{r}_0)$ 为狄拉克（Dirac）函数。式（5-1）即波叠加法的声辐射预报理论公式。

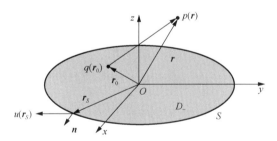

图 5-1　波叠加原理示意图

联立波叠加积分方程（5-1）和线性欧拉方程，声场中任意点 $r$ 处的质点振速可以写为

$$\boldsymbol{v}(\boldsymbol{r}) = \iiint\limits_{D_-} q(\boldsymbol{r}_0)\nabla G(\boldsymbol{r},\boldsymbol{r}_0)\mathrm{d}D_-(\boldsymbol{r}_0) \tag{5-4}$$

由声场中振速的连续性，可以将 $r$ 取在结构的外表面，则结构的表面法向振速可以表示为

$$v_n(\boldsymbol{r}_S) = \iiint_{D_-} q(\boldsymbol{r}_0) \nabla_n G(\boldsymbol{r}_S, \boldsymbol{r}_0) \mathrm{d}D_-(\boldsymbol{r}_0) \tag{5-5}$$

式中，$\nabla_n$ 是结构表面的法向梯度；$\boldsymbol{r}_S$ 是结构表面 $S$ 的位置矢量。从理论上说，虚拟声源的布放没有限制，它可以位于结构内的任何位置。如图 5-2 所示，假定虚拟的等效源分布在结构内部的厚度为 $\delta_\tau$ 的虚拟球壳上。式（5-5）可以写为

$$v_n(\boldsymbol{r}_S) = \delta_\tau \oiint_\sigma q(\boldsymbol{r}_\sigma) \nabla_n G(\boldsymbol{r}_S, \boldsymbol{r}_\sigma) \mathrm{d}\sigma(\boldsymbol{r}_\sigma) \tag{5-6}$$

式中，$\sigma$ 是虚拟球壳的表面；$\boldsymbol{r}_\sigma$ 是虚拟球壳表面上的位置矢量。$|\boldsymbol{r}_\sigma|$ 小于 $|\boldsymbol{r}_S|$，式（5-6）不存在奇异性，因此波叠加法避免了奇异积分。将这个虚拟球的表面 $\sigma$ 分成 $N$ 份，其中的每一份记为 $\sigma_i$，式（5-6）可以写为

$$v_n(\boldsymbol{r}_S) = \delta_\tau \sum_{i=1}^{N} \oiint_{\sigma_i} q(\boldsymbol{r}_\sigma) \nabla_n G(\boldsymbol{r}_S, \boldsymbol{r}_{\sigma_i}) \mathrm{d}\sigma(\boldsymbol{r}_{\sigma_i}) \tag{5-7}$$

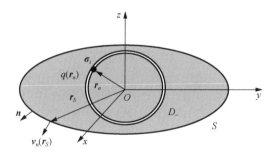

图 5-2 辐射体内部的虚拟球声源示意图

到目前为止，波叠加法的推导过程仍未采用过任何近似处理，因此，此时的波叠加法是严格的积分形式解，需要进行离散。如果球壳上的每一小块球面 $\sigma_i$ 足够小，式（5-7）中的 $\delta_\tau$ 视为常量，结构的表面法向振速近似写为

$$v_n(\boldsymbol{r}_S) \approx \sum_{i=1}^{N} Q_i \nabla_n G(\boldsymbol{r}_S, \boldsymbol{r}_{\sigma_i}) \tag{5-8}$$

式中，$Q_i$ 是虚拟球源上 $\boldsymbol{r}_{\sigma_i}$ 处简单源的体积速度。若已知结构表面的法向振速，则求出等效源的源强 $Q_i$，写成矩阵形式为

$$\boldsymbol{Q} = \boldsymbol{D}^{-1} \boldsymbol{U}_n \tag{5-9}$$

式中，$\boldsymbol{D}$ 是一个 $N \times N$ 矩阵。矩阵 $\boldsymbol{D}$ 中的元素为自由场格林函数的法向梯度：

$$D_{ij} = \frac{1}{4\pi} \frac{jk|\boldsymbol{r}_j - \boldsymbol{r}_i| - 1}{|\boldsymbol{r}_j - \boldsymbol{r}_i|^2} \mathrm{e}^{-jk|\boldsymbol{r}_j - \boldsymbol{r}_i|} \cos\theta_{ij} \tag{5-10}$$

式中，$r_i$、$r_j$、$\theta_{ij}$ 的关系如图 5-3 所示。可见，若法向振速 $v_{nj}$ 已知，等效源的源强 $Q_{ij}$ 就可以通过匹配辐射体表面的法向振速得到。因此表面测点的位置对等效源的源强计算精度有直接的影响。

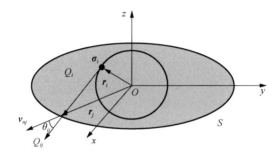

图 5-3　结构内部的简单源分布示意图

与振速的离散过程类似，式（5-1）离散后，结构的辐射声压可以写为

$$p(r) = \sum_{i=1}^{N} M(r, r_{\sigma_i}) Q_i \tag{5-11}$$

式中，系数 $M$ 为

$$M(r, r_{\sigma_i}) = j\rho_0 \omega G(r, r_{\sigma_i}) \tag{5-12}$$

将式（5-9）代入式（5-11），并写成矩阵形式为

$$P = MD^{-1}U_n \tag{5-13}$$

如此，当结构表面的法向振速已知时，就可以计算出空间中任一点的辐射声压。可见，波叠加法是通过等效源建立声场与结构表面法向振速的联系，与边界元法和单元辐射叠加法[4]类似，仍然是通过传递矩阵建立声场与结构表面法向振速的联系，只是构成矩阵的数学、物理过程不同。

点源波叠加法的传递矩阵为 $MD^{-1}$。当表面的部分振速已知时，波叠加法还可以通过式（5-8）来重构结构表面其他位置的法向振速，或者计算声场中流体介质的质点振速。

波叠加法和亥姆霍兹积分公式同样是基于惠更斯（Huygens）原理，理论上它们是等效的。证明过程如下。

由结构内部区域 $D_-$ 中的介质连续性，得有源场中流体的连续性方程：

$$\frac{\partial \rho(r_0)}{\partial t} + \nabla \cdot [\rho(r_0)v(r_0)] = \rho(r_0)q(r_0) \tag{5-14}$$

式（5-14）是质量守恒定律的体现：单位时间内某一小体元内部的流体质量是恒定的。体元的体积恒定，因此式（5-14）实际上体现了体元内流体密度的恒定。$\partial \rho(r_0) / \partial t$ 为单位时间内小体元处的流体密度的变化，$\nabla \cdot [\rho(r_0)u(r_0)]$ 为流通密度的散度，$q(r_0)$ 为源强，可以理解为单位体积速度，三者造成的流体密度变化量恒定。由于封闭结构的辐射声场由外辐射面上的声压、振速分布决定，与其内部的介质属性是不相关的，因此完全可以假设结构内部的介质为均匀介质，所以介质在 $r_0$ 处的瞬时密度 $\rho(r_0)$ 可以写为常量 $\rho_0$。这时，忽略非线性高级微小量，并用 $c_0$ 表示声速，式（5-14）可以近似写为

$$-\mathrm{j}\omega p(r_0) + \rho_0 c_0^2 \nabla \cdot v(r_0) = \rho_0 c_0^2 q(r_0) \tag{5-15}$$

将式（5-15）中的 $q(r_0)$ 代入式（5-1），得到声场的表达式如下：

$$p(r) = \iiint\limits_{D_-} [k^2 p(r_0) + \mathrm{j}\rho_0 \omega \nabla \cdot v(r_0)] G(r, r_0)\mathrm{d}D_-(r_0) \tag{5-16}$$

根据矢量恒等式

$$\begin{cases} \nabla \cdot (vG) = G\nabla \cdot (v) + v\nabla \cdot (G) \\ \nabla \cdot (p\nabla G) = \nabla p \nabla G + p \nabla^2 G = \nabla p \nabla G - p[\delta(r, r_0) + k^2 G] \end{cases} \tag{5-17}$$

和线性欧拉方程

$$\mathrm{j}\rho_0 \omega v(r_0) = \nabla p(r_0) \tag{5-18}$$

式（5-16）可以写为

$$p(r) = \iiint\limits_{D_-} p(r_0)\delta(r, r_0)\mathrm{d}D_-(r_0)$$
$$- \iiint\limits_{D_-} \nabla \cdot [p(r_0)\nabla G(r, r_0) - \mathrm{j}\rho_0 \omega v(r_0)G(r, r_0)]\mathrm{d}D_-(r_0) \tag{5-19}$$

最后对式（5-19）右边的第二项运用高斯定理，得

$$p(r) = \iiint\limits_{D_-} p(r_0)\delta(r, r_0)\mathrm{d}D_-(r_0)$$
$$- \oiint\limits_{S} \nabla \cdot [p(r_0)G(r, r_0) - \mathrm{j}\rho_0 \omega v(r_0)G(r, r_0)]n\mathrm{d}S \tag{5-20}$$

式中，$n$ 是结构表面的外法线方向向量。由于声场位置 $r$ 位于结构外部，而等效源 $r_0$ 位于结构内部，$r \neq r_0$，因此式（5-20）右边第一项为零。则用于计算外声辐射问题的亥姆霍兹积分公式形式如下：

$$p(r) = \oiint\limits_{S} [\mathrm{j}\rho_0 \omega v(r_0)G(r, r_0) - p(r_0)\frac{\partial G(r, r_0)}{\partial n}]\mathrm{d}S \tag{5-21}$$

可见，波叠加积分公式与亥姆霍兹积分公式是等效的，是一种有效的声辐射计算方法。需要说明的是，此时的证明过程是假定了有声源存在于结构的内部区域 $D_-$ 中，且计算的辐射声场位于结构外部，这时式（5-20）右边的第一项等于零。

在自由场中，格林函数存在解析解，可以直接使用公式进行计算。但是，在非自由场中，由于边界的限制、边界条件参数的不同及有限空间尺寸的限制，格林函数的获取十分复杂，所以可以通过有限元法进行格林函数的获取。

通过有限元法计算可以获得全息面表面上的声压矩阵 $\boldsymbol{P}$ 或质点振速矩阵 $\boldsymbol{V}$，在已知等效源的源强 $\boldsymbol{Q}$ 的基础上可以求得格林函数 $\boldsymbol{G} = \boldsymbol{V}\boldsymbol{Q}^{-1}$ 或 $\boldsymbol{G} = 1/(\mathrm{j}\rho\omega)\boldsymbol{P}\boldsymbol{Q}^{-1}$，其余计算方法与在自由场中计算方法相同。由于使用的是有界中的格林函数，得到的是自由场中的等效源的源强。具体步骤如图 5-4 所示[5]。

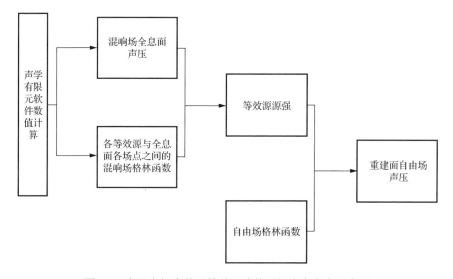

图 5-4　有限空间中基于等效源法的近场声全息实现步骤

如果想预报该声源在其他环境下的声场分布特性，则可以再次采用有限元法计算不同环境参数下的声场格林函数，结合得到的自由场中等效源的源强进行非自由环境下的声场预报分析。

## 5.3　有限元法近场声全息中的关键问题

采用有限元进行数值计算时，有限元模型的网格质量对计算结果影响较大，网格划分过密导致数值计算难度加大、计算时间过长等问题，而网格尺寸过大又会影响格林函数的计算精度。因此，在使用这种方法进行全息变换时，需要先对有限元网格进行收敛性分析，在保证计算精度的同时减小计算量。除了有限元计算方面的问题，全息测试参数对有限元法近场声全息重建精度也有较大影响。针对有限空间中的近场声全息技术，为了获得较多的声场信息，通常采用增大全息面尺寸的方法。但随着全息面尺寸的增大，全息测点数目也逐渐增加，需要处理的数据增多，计算效率低下。同样，测点间距过小也会导致数据过多，降低计算效率，而测点间距过大会导致误差增大。因此，应充分考虑实际条件，谨慎选择全息面尺寸和全息测点间距的参数，以使声场重建精度和重建效率达到最佳[6]。

为讨论全息测试参数对重建精度的影响规律，下面使用有限元软件 COMSOL 进行一个矩形水池中的格林函数数值计算。矩形水池长 1.2m、宽 1m、高 1m，将其尺寸中心作为坐标原点。两个点声源位于(0.04m, 0, 0)和(-0.04m, 0, 0)，强度之比为 1：2，重建面为自由场中距离声源 0.1m 处的声场。全息面与声源的位置如图 5-5（a）所示，重建面与声源的位置如图 5-5（b）所示。水池上方为自由水面，设置为绝对软边界条件，四周与底部为阻抗边界条件，阻抗值设置为 $3.2 \times 10^6 \mathrm{Pa \cdot s/m}$。

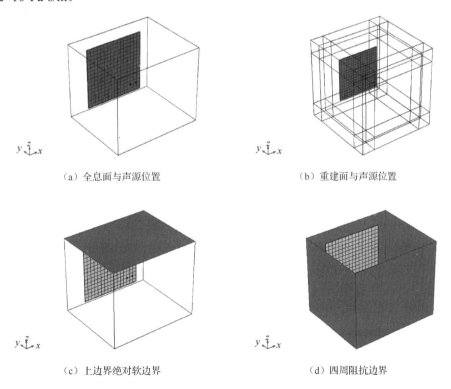

（a）全息面与声源位置　　　　　　　（b）重建面与声源位置

（c）上边界绝对软边界　　　　　　　（d）四周阻抗边界

图 5-5　全息面、重建面与声源相对位置和边界条件示意图

我们分别对不同尺寸的全息面采集到的数据进行全息反演，全息面仿真参数如表 5-1 所示。

表 5-1　不同全息面参数

| 参数 | 全息面 | 全息测点/个 | 重建面 | 重建点/个 |
|---|---|---|---|---|
| 参数 1 | $Y=0.4$m<br>$L_x=L_z=0.8$m<br>$dx=dz=0.05$m | 289 | $Y=0.1$m<br>$L_x=L_z=0.8$m<br>$dx=dz=0.05$m | 289 |
| 参数 2 | $Y=0.4$m<br>$L_x=L_z=0.7$m<br>$dx=dz=0.05$m | 225 | $Y=0.1$m<br>$L_x=L_z=0.8$m<br>$dx=dz=0.05$m | 289 |
| 参数 3 | $Y=0.4$m<br>$L_x=L_z=0.6$m<br>$dx=dz=0.05$m | 169 | $Y=0.1$m<br>$L_x=L_z=0.8$m<br>$dx=dz=0.05$m | 289 |
| 参数 4 | $Y=0.4$m<br>$L_x=L_z=0.5$m<br>$dx=dz=0.05$m | 121 | $Y=0.1$m<br>$L_x=L_z=0.8$m<br>$dx=dz=0.05$m | 289 |
| 参数 5 | $Y=0.4$m<br>$L_x=L_z=0.4$m<br>$dx=dz=0.05$m | 81 | $Y=0.1$m<br>$L_x=L_z=0.8$m<br>$dx=dz=0.05$m | 289 |
| 参数 6 | $Y=0.4$m<br>$L_x=L_z=0.3$m<br>$dx=dz=0.05$m | 49 | $Y=0.1$m<br>$L_x=L_z=0.8$m<br>$dx=dz=0.05$m | 289 |

1. 全息面尺寸对重建精度的影响

下面给出不同全息面尺寸、$f=3000\sim8000$Hz 范围内重建面上的重建误差，如图 5-6 所示。通过比较不同全息面尺寸的重建面声压误差，可以得出以下结论：在所分析的频率范围内，误差增大，重建精度变差。这也符合等效源法全息重建的基本规律。从图中可以看出，当全息面尺寸为 0.3m×0.3m 和 0.4m×0.4m 时，即全息面边长小于有限空间边长的一半时，重建误差整体较大，这是由于这两种全息面尺寸较小，测点个数较少，所能够采集到的声场信息较少。而当全息面尺寸为 0.5m×0.5m 及以上时，即全息面边长不小于有限空间最短边长的一半时，重建误差整体较小。虽然随着全息面尺寸逐渐增大，测点个数逐渐增多，但是全息重建精度并没有很明显提升，重建精度相近。原因是当全息面达到一定尺寸时，全息面所能采集的声场数据已经足够反推出较为准确的虚拟源源强，增加测点个数对于源强精度的提升没有明显效果。在有限空间实际测量当中，应尽量满足全息面较短边不小于 1 倍波长且大于有限空间最短边长的一半，但是由于有限空间中空间的限制，所以在选择全息面尺寸时要综合空间尺寸和重建精度两方面考虑。

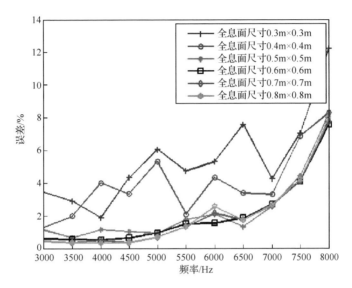

图 5-6　不同全息面尺寸的重建面声压误差

### 2. 全息测点间距对重建精度的影响

为了进一步分析全息测点间距对于重建精度的影响，我们分别对不同测点间距的全息面进行全息反演。选取相同的声源以及声场环境，全息面尺寸选取上文中效果较好的 0.6m×0.6m，分别取不同测点间距 0.02m、0.04m、0.06m、0.1m、0.15m。在给定分析频率范围内，测点间距不同取值下的误差曲线如图 5-7 所示。

通过比较不同全息面测点间距的重建面声压误差，可以得出以下结论：在所分析的频率范围内误差增大，重建精度变差。这是由于随着频率逐渐增大，波长逐渐减小，波长与全息测量孔径的比值增大，导致声场信息获取出现误差。从图中可以看出，使用有限空间中基于等效源法的近场声全息技术进行声场重建时，重建精度受全息面测点间距影响较大。当全息面测点间距越小时，得到的声场信息越充分，重建效果越好。但是当全息面测点间距足够小时，继续减小测点间距对于提高重建精度影响不大。因此在有限空间实际测量当中，应尽量满足全息测点间距小于 1/3 波长，同时考虑实际情况以及重建精度两方面来选择全息测点间距。

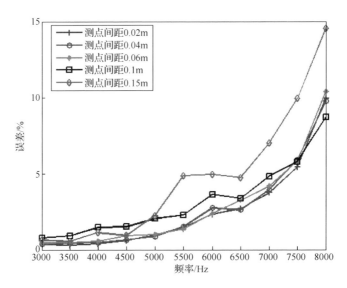

图 5-7　不同全息面测点间距的重建面声压误差

### 3. 全息面位置对重建精度的影响

在实际声源产生的辐射声场中，声波主要由两部分组成，分别是低空间频率（波数 $k \leqslant 2\pi / \lambda$，$\lambda$ 为波长）的传播波（propagating wave）和高空间频率（波数 $k \geqslant 2\pi / \lambda$）的倏逝波（evanescent wave）。传播波能够反映宏观信息，倏逝波能够反映微观信息。但是，体现声场细节的倏逝波随距离衰减十分迅速，一个波长的距离之外就所剩无几。为了获得更多的倏逝波信息，通常在离声源较近的范围内布放全息面以采集声场信息，从而提高重建精度。因此，在实际操作中，为了确保声场重建的可靠性，通常要求全息面与声源之间的距离应达到近场测量的要求，即全息面与声源距离较近。结合上文中对全息面尺寸和全息面测点间距的分析，全息面尺寸选取效果较好的 0.6m×0.6m，全息面测点间距取重建精度较高的 0.06m，全息面距离原点坐标设为 dz，采取三种不同的全息面位置（dz 依次取 0.2m、0.3m、0.4m）重建自由场中 0.2m 处的辐射声场，不同全息面位置的误差曲线如图 5-8 所示。

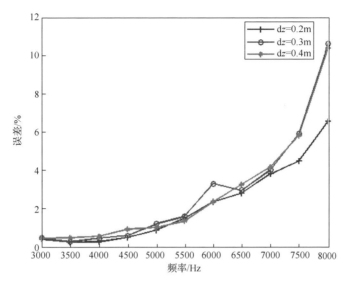

图 5-8 不同全息面位置的声压误差对比图

可以看出，当全息面与声源表面的距离较近时，即 dz 取 0.2m 时，自由场重建面的声压重建精度较高，而随着全息面与声源之间的距离逐渐增大，全息面所能够获得的倏逝波成分逐渐减少，导致重建误差逐渐增大。但是在低频时三种全息面的重建误差差别不大，这主要是由于靠近声源的近场区域内声场变化较大，所采用的全息面测点间距不足以采集到声场变化，这是声场数据泄露造成的。在有限空间实际测量当中，全息面与声源重建面之间的距离应尽量小于 1/2 波长。应合理选择全息面与声源之间的距离，从而使声场重建精度满足要求。

## 参 考 文 献

[1] 肖妍, 商德江, 胡昊灏, 等. 有限空间中材料声反射系数全息反演方法研究[C]. 2013 年全国水声学学术交流会, 2013: 164-166.

[2] 江见鲸, 何放龙, 何益斌, 等. 有限元法及其应用[M]. 北京: 机械工业出版社, 2006.

[3] 张小正, 毕传兴, 徐亮, 等. 基于波叠加法的近场声全息空间分辨率增强方法[J]. 物理学报, 2010, 59(8): 5564-5571.

[4] 时胜国, 高垠, 张昊阳, 等. 基于单元辐射叠加法的结构声源声场重建方法[J]. 物理学报, 2021, 70(13): 134301.

[5] 董磊. 有限空间内基于等效源法的近场声全息测量方法研究[D]. 哈尔滨: 哈尔滨工程大学, 2020.

[6] 刘强, 王永生, 苏永生, 等. 基于波叠加法的近场声全息重建参数选取研究[J]. 压电与声光, 2013, 35(3): 349-353.

# 第6章 运动目标近场声全息

对于水下运动目标产生的噪声，利用传统测量手段很难确定噪声源的位置。近场声全息技术作为一种非常有效的噪声源识别、定位和声场可视化技术在运动噪声源识别方面已有了一定的研究成果。对于该领域的研究，国内外的学者做了大量的工作[1-2]。早期主要针对汽车运动辐射噪声开展了大量研究，针对水中应用的研究则相对较晚。目前已有的运动声全息方法中，传统的时域或频域修正的消除多普勒效应的方法大多应用于二维傅里叶重构算法的平面声全息，对于任意形状的声源情况，难以准确给出源面信息。将边界元法与移动框架技术相结合的方法可以实现对任意形状的源面信息重构，此方法对全息面形状无要求，只要能得到结构两侧的双平行平面全息数据，即可满足边界元法声全息反演要求[3]。

## 6.1 运动目标近场声全息基本理论

由第5章的研究可知，采用边界元声全息方法可以通过非共形全息面测试进行噪声源的定位与声场重构。现在的问题是目标是运动的，静止测量阵的阵元采集到的是存在多普勒效应的时域信号。若能将这些时域信号转化为空间平面离散点的信号，即可满足边界元声全息的测量要求。针对运动目标进行声全息变换时，需要引入三个坐标系，见图6-1。

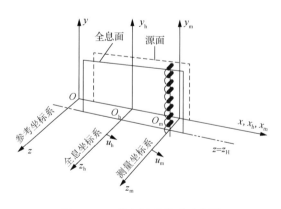

图 6-1 三种坐标系关系示意图

假设图中 $Oxyz$ 为参考坐标系，$O_m x_m y_m z_m$ 为水听器阵所在的测量坐标系，$O_h x_h y_h z_h$ 为随目标运动的全息面坐标系。对于任意时刻 $t$，三个坐标系中的各个值之间满足以下关系：

$$\begin{cases} y = y_m = y_h \\ x = u_m t + x_m \\ x = u_h t + x_h \\ u_{m/h} = u_m - u_h \end{cases} \tag{6-1}$$

各个坐标系下的声压满足

$$p_{mic}(x_m, y_m, z_H; t) = p_{hol}(x_h, y_h, z_H; t) = p_{hol}(x_m + u_{m/h}t, y_h, z_H; t) \tag{6-2}$$

式中，$p_{mic}(x_m, y_m, z_H; t)$ 表示水听器测量的声压；$p_{hol}(x_m + u_{m/h}t, y_h, z_H; t)$ 表示全息面的声压。当 $x_m$ 等于 0 时，即水听器固定不动而目标运动，式（6-2）可简化为

$$p_{mic}(0, y_m, z_H; t) = p_{hol}(u_{m/h}t, y_h, z_H; t) \tag{6-3}$$

从式（6-3）中可以看出，等式的左边是水听器接收的随时间变化的信号，信号中存在多普勒频移。进一步分析水听器测量的声压与全息面的声压之间的内在关系，对全息面上的声压做时域傅里叶变换得

$$F_T\{P_{hol}(u_{m/h}t, y_h, z_H; f_h)\} = \int_{-\infty}^{\infty}\int_{-\infty}^{\infty} P_{hol}(u_{m/h}t, y_h, z_H; f_h) e^{j2\pi f_h t} df_h e^{-j2\pi f t} dt \tag{6-4}$$

式中，$P_{hol}$ 表示频率为 $f_h$ 的声压空间分布。对其做空域傅里叶变换得

$$P_{hol}(u_{m/h}t, y_h, z_H; f_h) = \frac{1}{2\pi}\int_{-\infty}^{\infty} \hat{P}_{hol}(k_x, y_h, z_H; f_h) e^{jk_x x_h} dk_x \tag{6-5}$$

式中，$k_x = -\dfrac{2\pi f}{u_{m/h}}$；$\hat{P}_{hol}$ 表示频率为 $f_h$ 的空间波数谱。

综合式（6-4）、式（6-5）可以导出

$$F_T\{p_{hol}(u_{m/h}t, y_h, z_H; t)\} = \frac{1}{u_{m/h}}\int_{-\infty}^{\infty} \hat{P}_{hol}\left(\frac{2\pi(f_h - f)}{u_{m/h}}, y_h, z_H; f_h\right) df_h \tag{6-6}$$

式中，$F_T$ 表示时域傅里叶变换；$f_h$ 与 $f$ 分别表示测量坐标系和全息面坐标系下的频率。式（6-6）仅在 $0 < u_{m/h} < c/2$ 时有效。式（6-6）就是移动框架技术的基本理论公式。

当声场是由一个单频的点声源发出的，则式（6-6）可简化为

$$F_T\left\{p_{\text{hol}}(u_{\text{m/h}}t, y_{\text{h}}, z_{\text{H}}; t)\right\} = \frac{1}{u_{\text{m/h}}} \hat{P}_{\text{hol}}\left(\frac{2\pi(f_{\text{h}} - f)}{u_{\text{m/h}}}, y_{\text{h}}, z_{\text{H}}; f_{\text{h}}\right) \qquad (6\text{-}7)$$

由式（6-7）可以得到

$$
\begin{aligned}
p_{\text{hol}}(u_{\text{m/h}}t, y_{\text{h}}, z_{\text{H}}; t) &= \frac{1}{u_{\text{m/h}}} \int_{-\infty}^{\infty} \hat{P}_{\text{hol}}\left(\frac{2\pi(f_{\text{h}} - f)}{u_{\text{m/h}}}, y_{\text{h}}, z_{\text{H}}; f_{\text{h}}\right) e^{-j2\pi ft}\, df \\
&= \frac{1}{u_{\text{m/h}}} \int_{-\infty}^{\infty} \hat{P}_{\text{hol}}\left(-\frac{2\pi f}{u_{\text{m/h}}}, y_{\text{h}}, z_{\text{H}}; f_{\text{h}}\right) e^{-j2\pi ft}\, df \times e^{-j2\pi f_{\text{h}}t} \\
&= \frac{e^{-j2\pi f_{\text{h}}t}}{u_{\text{m/h}}} \int_{\infty}^{-\infty} \hat{P}_{\text{hol}}(k_x, y_{\text{h}}, z_{\text{H}}; f_{\text{h}}) e^{-j2\pi\left(-\frac{u_{\text{m/h}}}{2\pi}\right)k_x\left(\frac{x_{\text{h}}}{u_{\text{m/h}}}\right)}\, d\left(-\frac{u_{\text{m/h}}}{2\pi}k_x\right) \\
&= \frac{e^{-j2\pi f_{\text{h}}t}}{2\pi} \int_{-\infty}^{\infty} \hat{P}_{\text{hol}}(k_x, y_{\text{h}}, z_{\text{H}}; f_{\text{h}}) e^{jk_x x_{\text{h}}}\, dk_x \\
&= P_{\text{hol}}(x_{\text{h}}, y_{\text{h}}, z_{\text{H}}; f_{\text{h}}) e^{-j2\pi f_{\text{h}}t} \qquad (6\text{-}8)
\end{aligned}
$$

结合式（6-3）和式（6-8），可得[4-6]

$$P_{\text{hol}}(x_{\text{h}}, y_{\text{h}}, z_{\text{H}}; f_{\text{h}}) = p_{\text{mic}}(0, y_{\text{h}}, z_{\text{H}}; t) e^{j2\pi f_{\text{h}}t} \qquad (6\text{-}9)$$

这是移动框架技术另一个重要的推导式，说明某频点的全息面上的空间声压分布值可由水听器接收的时域信号乘以 $e^{j2\pi f_{\text{h}}t}$ 获得。

当声源是由多个频点的信号组成时，同理可以推出水听器接收的信号与某频点的全息数据的关系，可表示为

$$P_{\text{hol}}(x_{\text{h}}, y_{\text{h}}, z_{\text{H}}; f_{\text{h}}) = \{p_{\text{mic}}(0, y_{\text{h}}, z_{\text{H}}; t)\}_{\text{filter}} e^{j2\pi f_{\text{h}}t} \qquad (6\text{-}10)$$

也就是说，首先对采集的信号进行所需频段的提取，所用的带通滤波器的函数可表示为

$$G(f) = \{H(f - f_-) - H(f - f_+)\} \qquad (6\text{-}11)$$

式中，$f_- = (1 - 2Ma)(f_{\text{hc}} - B/2)$，$f_+ = (1 + 2Ma)(f_{\text{hc}} + B/2)$，$f_{\text{hc}}$ 为所需信号的中心频率，$B$ 为带宽，$Ma = v/c$ 为马赫数；$H(\cdot)$ 为阶跃函数。运动目标近场声全息算法的适用条件是多个频率分量的多普勒频移扩展相互不叠加，即满足

$$\frac{1 + 2Ma}{1 - 2Ma} f_{\text{h}(i-1)} < f_{\text{h}i} < \frac{1 - 2Ma}{1 + 2Ma} f_{\text{h}(i+1)} \qquad (6\text{-}12)$$

式中，$f_{\text{h}(i-1)} < f_{\text{h}i} < f_{\text{h}(i+1)}$ 为声源发射的信号频率，下标 $i$ 为第 $i$ 个频点。

对于运动声源进行全息测试时，往往利用一条线阵对运动声源进行一个平面上的全息数据扫描，因此，得到处理后的全息数据后，可利用边界元法进行全息重建。对于窄带信号，同样可通过滤波等处理来适用于移动框架声全息，这里不再赘述。

前面叙述了当目标是点源时的移动框架技术，对于任意形状的辐射结构运动时产生的声场情况更加复杂。由亥姆霍兹方程内声辐射问题与外辐射问题推导可知，对于声辐射体表面上和空间中任意一点的声压和振速可以由放置在辐射体内部的连续分布声源体产生的声波场得到，这就是波叠加理论。实际应用中可采用离散有限个点源代替。也就是说，理论分析时采用在辐射结构体内部放置若干个简单源来近似代替的方法分析声场。当结构运动时，理论上相当于图 6-2 所示。因此，从这个角度出发，移动框架声全息（moving frame acoustic holography，MFAH）同样适用于复杂结构声源。

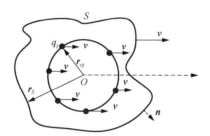

图 6-2　结构运动时的等效源示意图

根据莫尔斯运动声源理论[7]，首先分析运动结构与接收水听器间的几何关系（图 6-3）如下：

$$R_l = \frac{r_l \left( Ma \cos \theta_l + \sqrt{1 - Ma^2 \sin^2 \theta_l} \right)}{1 - Ma^2} \tag{6-13}$$

式中，$R_l$ 为运动结构与接收水声器间的距离。

当满足条件 $Ma \ll 1$ 时，

$$\tau^* = t - \frac{R_l}{c} = t - \frac{r_l \left( Ma \cos \theta_l + \sqrt{1 - Ma^2 \sin^2 \theta_l} \right)}{c(1 - Ma^2)} \approx t - \frac{r_l(1 + Ma \cos \theta_l)}{c} \tag{6-14}$$

式中，$c$ 为声速。

针对复杂结构运动声全息测试问题，建立直角坐标系如图 6-4 所示。

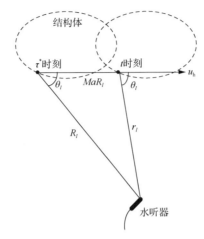

图 6-3　运动结构与接收水听器间的几何关系图

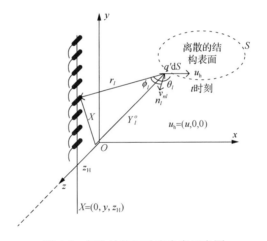

图 6-4　复杂结构运动声全息示意图

任何一路的水听器接收到的信号可表示为

$$p(0,y_{\mathrm{m}},z_{\mathrm{H}};t)=\sum_l \frac{q_l(\tau^*)}{4\pi R_l \sqrt{1+Ma^2-2Ma\cos\phi_l}} \tag{6-15}$$

将式（6-13）、式（6-14）代入式（6-15）并化简可得

$$p(0,y_{\mathrm{m}},z_{\mathrm{H}};t)=\sum_l \frac{q_l\left[t-\dfrac{r_l}{c}(1+Ma\cos\theta_l)\right]}{4\pi r_l A_l^o} \tag{6-16}$$

式中，$A_l^o$ 为幅度改变因子，

$$A_l^o \approx 1 + Ma\left[\cos\theta_l - \cos(\theta_l - \phi_l)\cos\phi_l\right] \tag{6-17}$$

其中，$\phi_l$ 是 $r_l$ 与结构法线方向 $n_l$ 的夹角。

当噪声源点发射的信号频率是 $f_{h0}$ 时，则 $q_l(t) = q_l e^{-j2\pi f_{h0}t}$ 结合式（6-9）可知

$$P_{\text{hol}}(x_\text{h}, y_\text{h}, z_\text{H}; f_{h0}) = \sum_l \frac{q_l}{4\pi r_l A_l^o} e^{jkr_l(1+Ma\cos\theta_l)} \tag{6-18}$$

式（6-18）就是结构运动时全息面上得到的声压值公式。将静止时的噪声源辐射声场定义为理论值，记为 $P_\text{h}^{\text{true}}$，则[8-9]

$$P_\text{h}^{\text{true}}(x_\text{h}, y_\text{h}, z_\text{H}; f_{h0}) = \sum_l \frac{q_l}{4\pi r_l} e^{jkr_l} = \sum_l P_{\text{h},l}^{\text{true}}(x_\text{h}, y_\text{h}, z_\text{H}; f_{h0}) \tag{6-19}$$

对比式（6-18）与式（6-19）可以看出，当 $Ma=0$ 时两式相同，无运动带来的误差。下面分析 $Ma \neq 0$ 且 $Ma \ll 1$ 的情况下，引用泰勒展开等原理得到

$$
\begin{aligned}
P_\text{h}(x_\text{h}, y_\text{h}, z_\text{H}; f_{h0}) &= \sum_l \frac{1}{A_l^o} e^{jMakr_l\cos\theta_l} P_{\text{h},l}^{\text{true}}(x_\text{h}, y_\text{h}, z_\text{H}; f_{h0}) \\
&= \sum_l \left[1 + MaE_l^o(x_\text{h}, y_\text{h}, z_\text{H}) \cdot e^{jMak(x_\text{h}-x_{S,l})} P_{\text{h},l}^{\text{true}}(x_\text{h}, y_\text{h}, z_\text{H}; f_{h0})\right] \\
&= \sum_l \left\{1 + Ma\left[-jkx_{S,l} + E_l^o(x_\text{h}, y_\text{h}, z_\text{H})\right] \times e^{jMakx_\text{h}} P_{\text{h},l}^{\text{true}}(x_\text{h}, y_\text{h}, z_\text{H}; f_{h0})\right\}
\end{aligned}
$$

$$\tag{6-20}$$

式中，$-2 < E_l^o(x_\text{h}, y_\text{h}, z_\text{H}) < 2$，也就是说运动目标近场声全息算法的幅值最大误差为真实全息值的 $2Ma$ 倍，相位误差项是 $e^{jMakx_\text{h}}$；$x_{S,l}$ 表示运动目标的 $x$ 坐标。

分析式（6-20），相位误差项对整个全息都会产生特别大的影响，而 $Ma \ll 1$ 时幅值误差项的影响较小。因而，可在反演的全息值的基础上乘以 $e^{-jMakx_\text{h}}$ 来校正该全息数据。

## 6.2　运动目标近场声全息变换示例

对最简单也是最有代表性的声源进行仿真，假设自由水域中有一频率为 6000Hz 的点声源，以 1m/s 的速度沿直线匀速运动，运动轨迹与测量阵列平面平行，垂直距离为 $\lambda/10$，有一个固定的 64 元的均匀线阵对信号进行采集，水听器间隔为 $\lambda/10$。

通过移动框架运动全息处理可得到一个大小为 1.6m×1.575m 的全息面，$x$ 轴的范围为 0～1.6m，$y$ 轴的范围为-0.7875～0.7875m。噪声源的位置在(0.525m,0)处。

各路水听器接收到的运动声源信号满足式（6-18）。图 6-5 给出了第 20 路水

听器采集的时域信号。从图中可以看出，信号的幅值是变化的，对信号做频谱分析，可以看出频率也产生了偏移，这些都是由于声源运动产生的多普勒效应引起的。根据 MFAH 技术的理论公式（6-6），将采集的时域信号进行全息变换，得到所需的全息面空域数据。图 6-6 给出了第 20 路水听器时域信号反演得到的全息声压幅值与相位，与声源静止、水听器逐点扫描得到的理论值进行比较可以看出，两者吻合得非常好，基本一致。图 6-7 给出了由 MFAH 技术反演的整个全息面声压反演结果与理论值对比，两图结果完全相同，说明利用该技术可得到与逐点扫描静态声源相同的效果。

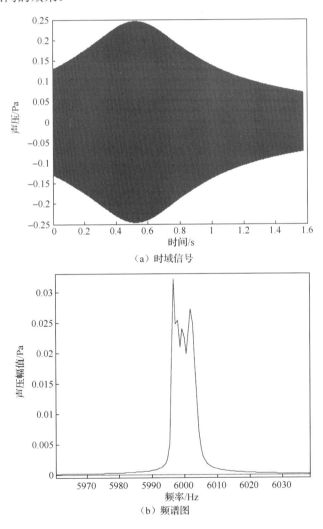

（a）时域信号

（b）频谱图

图 6-5　第 20 路水听器采集的时域信号与频谱图

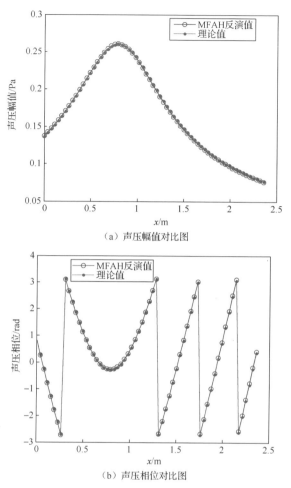

（a）声压幅值对比图

（b）声压相位对比图

图 6-6　MFAH 反演声压幅值、相位与理论分布对比图

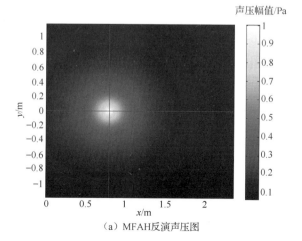

（a）MFAH 反演声压图

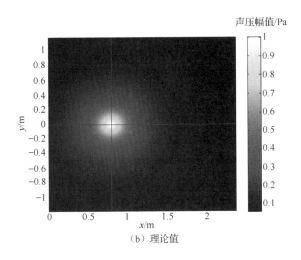

图 6-7　由 MFAH 导出的全息面声压幅值与理论值分布图

# 6.3　不同运动速度情况下的全息变换精度

　　由以上分析可知，运动速度对运动目标近场声全息算法的精度有一定的影响，为分析不同运动速度下的全息重建精度，假设一偶极子声源沿 $x$ 轴方向运动，一水听器距声源 $0.2\lambda$。

　　图 6-8、图 6-9 给出了修正前全息数据的幅值与相位。图中不同 $Ma$ 时的误差大小不同，$Ma$ 越大误差越大。由上节分析可知，相位误差对后续的全息反演起了重要作用，并且可在得到的全息值的基础上进行数据校正来提高重建精度。图 6-10、图 6-11 为将数据乘上 $\mathrm{e}^{-jMakx_h}$ 后的声压幅值、相位图，可以看出，相位有了明显改善。但该修正结果只对 $Ma$ 较小时起作用，当 $Ma$ 小于 0.1 时的相位值有了明显改善，而其幅值也基本与真实值相符。总之，该算法对 $Ma$ 较小的情况是适用的。水中航行物的运动 $Ma$ 一般情况下均小于 0.1，因此，该算法具有实用性。

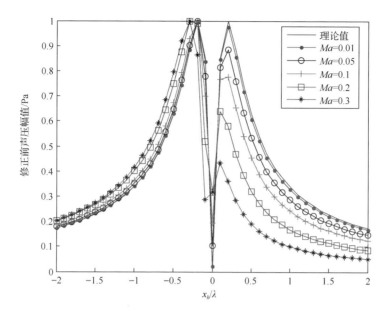

图 6-8　修正前全息幅值对比

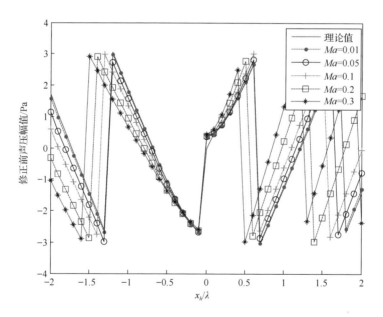

图 6-9　修正前全息相位对比图

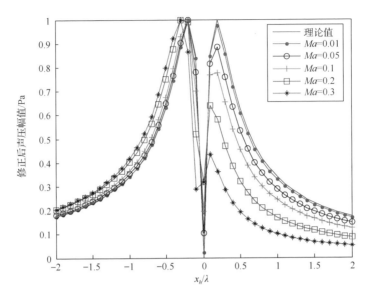

图 6-10　修正后全息幅值对比图

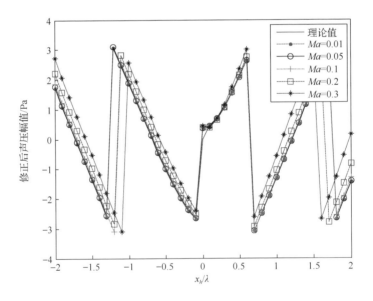

图 6-11　修正后全息相位对比图

## 6.4　运动速度测量误差对全息变换精度的影响

运动速度在测量时肯定存在误差，速度的测量误差对整个运动目标源面声场的全息重构也会产生影响。采用图 4-5 中相同的带帽圆柱壳作为仿真模型，在其两侧 10cm 处有两个间距为 3cm 的 17 元均匀线阵，结构分别以速度 0.1m/s、1m/s、10m/s 直线匀速运动，存在 0.001%~100% 的测量误差时重构结构表面声压的误差情况如图 6-12 所示。这里所用的误差公式见式（4-51）。从图 6-12 可以看出，测量误差越大，反演误差越大。在测量误差小于 10% 时，当速度越大，其反演误差越大。当测量误差大于 10% 时，不同速度、相同速度测量精度的反演精度基本相同，达到 100%，反演结果无效。由此可知，在实际应用中，速度的测量需要较为精确，以满足后续反演要求。

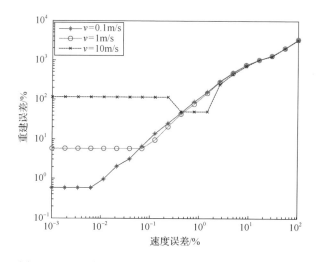

图 6-12　当速度存在测量误差时对应的反演测量误差图

## 6.5　运动目标近场声全息中的关键问题

本章介绍的移动框架技术给运动结构的全息数据获得提供了非常好的理论支持，针对运动速度及其测量误差对声全息变换算法重构精度的影响进行了详细的分析与仿真。此外，还有学者针对全息测量参数方面做了大量分析[10]，总的来说，可以得出如下结论。

（1）声全息技术能够准确地对水中运动声源进行重构识别，仿真结果证明了该技术对低频声源有较好的重构效果，重构频率范围选取时应重点参考阵元间距的大小，或者根据待分析频率确定阵列形式。

（2）在能够进行实际测试时，重构距离越近，重构效果越好，能够获得较为理想的重建结果。

（3）采样间隔对重构结果的影响最大，当采样间隔小于 0.2 倍波长时得到的重构结果比较理想。

（4）对比测量参数对重构结果的影响，当重构距离较远或声源频率较高时，最有效的方法是通过改变声源运动方向的采样间隔 $\Delta x$，或者通过改变测量阵深度的串位插值法来减小采样间隔 $\Delta y$ 以提高反演精度。

（5）当马赫数非常小，接近 0 时，声全息变换算法的重建误差可忽略；当马赫数较大但小于 0.1 时，可通过相位修正公式对结果进行修正；当马赫数大于 0.1（实际水中目标的马赫数远小于 0.1）时，该算法不适用。

（6）速度测量的误差越大，重建误差越大，并且在马赫数较小的情况下，速度本身的大小对重建精度的影响在测量误差小于 10% 时存在差异，速度越大，反演误差越大，测量误差超过 10% 时反演误差达到了 100%，反演结果无效。

因此，采用该移动框架下的运动声全息技术进行边界元声全息重建时，应满足目标的运行速度马赫数小于 0.1，速度测量误差小于 1%。

# 参 考 文 献

[1]　Sakamoto I, Tanaka T, Miyake T. Noise source identification on an operating vehicle by acoustic holography—part I: investigation of noise source identification accuracy by using mock-up tires[J]. JSAE Review, 1995, 16(3): 325.

[2]　杨德森, 郭小霞, 时胜国, 等. 基于亥姆霍兹方程最小二乘法的运动声源识别研究[J]. 振动与冲击, 2012, 31(4): 13-17.

[3]　陈梦英, 商德江, 李琪, 等. 运动声源的边界元声全息识别方法研究[J]. 声学学报, 2011, 36(5): 489-495.

[4]　Hyu S K, Yang H K. Moving frame technique for planar acoustic holography[J]. The Journal of the Acoustical Society of America, 1998, 103(4): 1734-1741.

[5]　Soon H P, Yang H K. An improved moving frame acoustic holography for coherent band-limited noise[J]. The Journal of the Acoustical Society of America, 1998, 104(6): 3179-3189.

[6]　Soon H P, Yang H K. Effects of the speed of moving noise sources on the sound visualization by means of moving frame acoustic holography[J]. The Journal of the Acoustical Society of America, 2000, 108(6): 2719-2728.

[7]　莫尔斯, 英格特. 理论声学(下册)[M]. 杨训仁, 吕如榆, 戴根华, 译. 北京: 科学出版社, 1986.

[8]　Soon H P, Yang H K. Visualization of pass-by noise by means of moving frame acoustic holography[J]. The Journal of the Acoustical Society of America, 2001, 110(5): 2326-2339.

[9]　Jong H J, Yang H K. Localization of moving periodic impulsive source in a noisy environment[J]. Mechanical Systems and Signal Processing, 2008, 22(3): 753-759.

[10]　胡博, 杨德森, 时胜国, 等. 水中运动声源的声全息参数选取研究[J]. 机械工程学报, 2011, 47(18): 15-22.

# 第 7 章　水下近场声全息工程应用

利用水下近场声全息技术，主要是利用近场处的全息声压数据，实现声源表面的声场重构，并可以实现结构表面反射声场分离[1]。该技术主要应用于水下大型发射基阵可靠性测试与检验、水下发射基阵阻抗特性测试与校准[2]、水下结构表面噪声源识别与定位、水下声学材料声学性能测试等方面。前面各章对主要的近场声全息技术的基本原理进行了详细介绍，本章将以一些工程应用实例对水下近场声全息技术的分析过程进行说明。

## 7.1　水下大型发射基阵可靠性检验

利用水下近场声全息技术，可以实现水下大型基阵的表面振速、声压重构，进而分析发射基阵的工作状态，实现可靠性检验。本次试验在消声水池中完成，水池六面吸声，可以近似认为是自由场环境。检验对象为一个水下大型平面发射基阵，如图 7-1 所示[3]。

图 7-1　平面发射基阵实物图

该发射基阵由 56（8×7）个复合棒换能器组成，每个基元的发射面尺寸为 12.6cm×13.6cm，布放基阵的有源面尺寸为 $L_x \times L_y$=90cm×109cm。

### 7.1.1 试验测量系统

试验测量系统主要包括声源发射系统与全息测量接收系统，如图 7-2 所示。其中声源发射系统的仪器主要包括信号源、脉冲调制器、功率放大器，发射基阵的各个基元主要为并联发射。

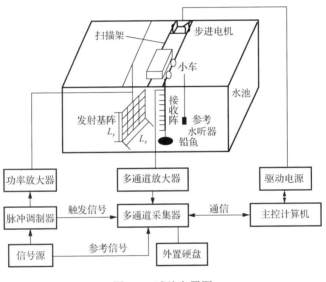

图 7-2　试验布置图

本次试验采用传递函数法进行测试，因此，全息测量接收系统主要包括声全息测量接收阵、1 个参考水听器、2 台 6 通道测量放大器 BIS7021、40 通道数据采集器 TOP10012 等。其中声全息测量接收阵由 10 个 RHC7 型（直径 9mm）水听器组成一条直线阵，相邻水听器间距为 6cm，阵长为 6×9=54cm。全息声压测量过程中，利用步进电机带动声全息测量接收阵沿平面阵表面平行的方向进行平面上的声场扫描测试，扫描布局为 3cm，全息面尺寸为 1.44m×1.77m。

为了减少线阵架对声场测量的散射影响，将水听器的安装支架设计成弓形，如图 7-3 所示，弓背到水听器的距离为 30cm,则水听器的散射波有 30cm×2=60cm 的衰减距离。对于 5kHz 的声信号，水下波长约为 30cm，这种弓形的安装形式下，散射波有 2 倍波长的衰减距离。此外，弓背由铜管制成，管内用 703 硅橡胶填充，外面套有热缩橡胶套管，水听器先被安装到小尺寸的有机玻璃块上，再用细钢丝固定在弓架的上下两端。

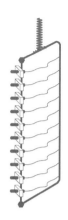

图 7-3　水听器阵示意图

利用球形声源进行声全息测量接收阵的声散射影响测量分析。球形声源发射声波，利用水听器阵接收距离球形声源不同位置处的辐射声场。测量结果表明，采用以上安装方式时，水听器距离球形声源仅有几厘米时，测量结果仍满足球面波扩张规律，因此，线阵架以及水听器之间的互散射对阵上各水听器声压测量的影响很小。

试验前，需要对包括水听器在内的各通道的幅度和相位一致性进行易地式传递函数法校准和配对，在 $100\sim5000Hz$ 的频率范围内，各通道间的最大幅度偏差小于 1dB，最大相位偏差小于 1.5°。

## 7.1.2　不同试验工况下的全息声压预处理测量结果

对平面发射基阵的四个不同工况下的近场全息声压进行了测量，详细工作情况见表 7-1。其中，$d_{sh}$ 指发射基阵表面与声全息面之间的距离；发射基阵中都有关闭部分阵元的工况，以模拟存在故障阵元的情况。

表 7-1　试验工况

| 工况 1 | 工况 2 | 工况 3 | 工况 4 |
|---|---|---|---|
| $d_{sh}=10cm$ 56 个阵元 全发射 | $d_{sh}=10cm$ 关闭 6 个阵元 (3,2)、(3,6)、(4,4)、(5,4)、(6,2)、(6,6) | $d_{sh}=15cm$ 56 个阵元 全发射 | $d_{sh}=15cm$ 关闭 6 个阵元 (3,2)、(3,6)、(4,4)、(5,4)、(6,2)、(6,6) |

每个空间点上都重复采样记录 6 次，目的是消除一些随机干扰对变换效果的影响。进行全息声压预处理时，将偏离声压平均值上下最大的两次采集数据去掉后，取重新平均的声压数据。图 7-4 是四种工况下全息面上的声压全息图。

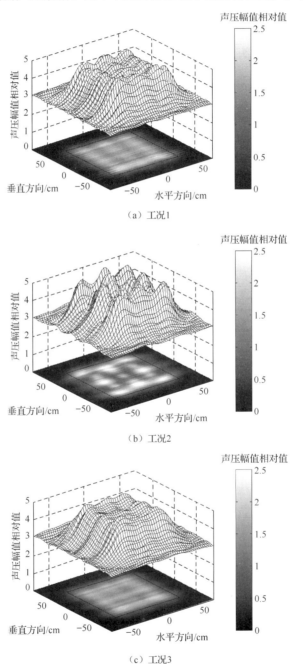

（a）工况1

（b）工况2

（c）工况3

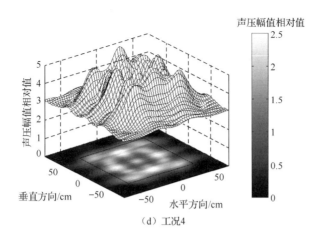

（d）工况4

图 7-4　四种工况下全息面上测量的声压幅值相对值分布

对比后看到，工况 1 和工况 3 虽然离发射面的测量距离不同（分别为 10cm 和 15cm），但都是全发射状态，因此，全息面上声压的分布起伏较小，且发射面以外的区域声压迅速衰减。而工况 2 和工况 4 都是发射基阵关闭 6 个阵元后的 $d_{sh}$=10cm、$d_{sh}$=15cm 上的声压分布，显然，全息面上声压已有明显的起伏变化，与声源的发射状态是相符的。

### 7.1.3　参考信号的选取对近场声全息变换结果的影响

试验同时记录了两种参考信号，即固定点的水听器参考信号和发射基阵的发射电信号参考。因为采用直线阵列进行平面上全息数据扫描，每次扫描后，测试信号的初始相位将发生变化，参考信号主要用于修正声压相对相位分布，因此，只要参考信号与声场是相干的，其对声信号的幅值无任何影响。参考信号的不同只是使全息面上的声压相位差一个初始相位值，使全息面上的复声压多一个固定的复系数因子 $\exp(j\phi)$。该因子不会对近场声全息变换结果产生负面影响，只是使变换面上的复声压和复振速也多一个因子 $\exp(j\phi)$。本试验的数据处理中也证实了这个结论。图 7-5 是四种工况下，分别采用声信号参考和发射电信号参考时，根据参考信号计算 $\exp(j\phi)$，之后对测量全息面上的数据进行修正，再求出各点声压相对参考信号的相位差在面上的分布。从图中可以看出，工况 1 与工况 2 的声压固定相位差约为 43°，而工况 2 与工况 4 的声压固定相位差约为 24°。虽然边缘上相位差有所变化，经近场声全息变换结果对比后发现对变换结果影响很小。

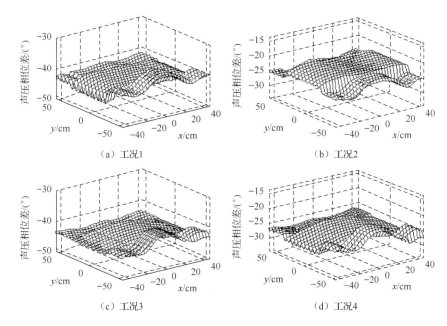

（a）工况1　　　　　　　　　　（b）工况2

（c）工况3　　　　　　　　　　（d）工况4

图 7-5　两种参考信号时全息面上声压的相位差分布

## 7.1.4　全息面到发射面距离对近场声全息变换的影响

试验中选择了两个测量距离，即 $d_{sh}=z_h-z_s$=10cm= $\lambda/3$ 和 $d_{sh}=z_h-z_s$=15cm= $\lambda/2$ 。将两个全息面上的复声压都变换到发射源表面，图 7-6～图 7-9 是四种工况下的全息面数据变换到发射源表面的声压、法向振速和法向有功声强的分布。将图 7-6 与图 7-8 对比、图 7-7 与图 7-9 对比，可以看出，相同声学量的全息变换结果十分接近，说明由 $d_{sh}=\lambda/3$ 变换到源面声场与 $d_{sh}=\lambda/2$ 变换的结果是一致的，即对不同距离上的近场声全息数据，利用近场声全息变换可获得相同的源面声场。

比较图 7-6 与图 7-7、图 7-8 与图 7-9 看到，工况 1 各阵元全发射状态下，辐射面上的声压、法向振速和法向有功声强分量的分布都很均匀，无论是三维图还是两维伪彩色图都表明了这一点，其中以法向振速的分布最均匀，说明基元的一致性是比较好的。当关闭 6 个阵元后，源表面场出现了明显的起伏，在所关闭的阵元区域三种声场量的幅值明显减小，见图 7-7 或图 7-9，但关闭源的准确部位还需要进一步分析判断。

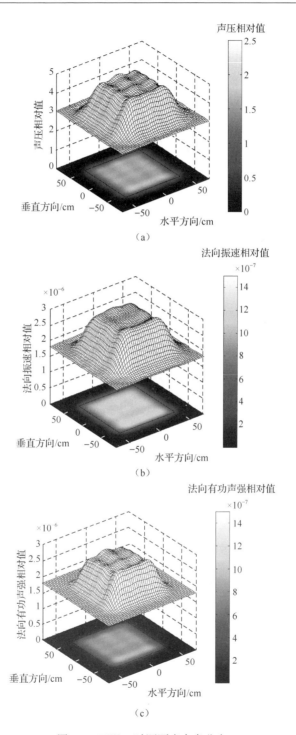

图 7-6　工况 1 时源面声全息分布

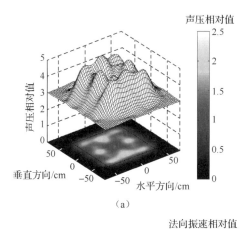

（a）

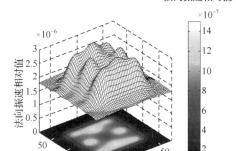

（b）

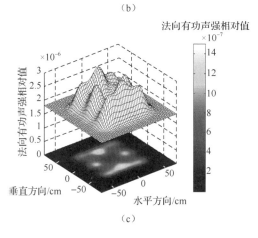

（c）

图 7-7　工况 2 时源面声全息分布

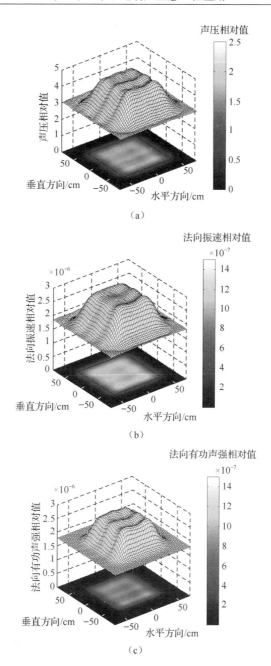

图 7-8　工况 3 时源面声全息分布

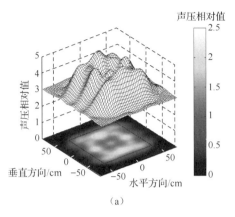

（a）

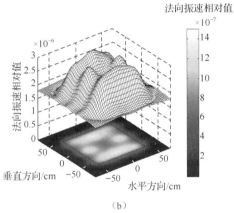

（b）

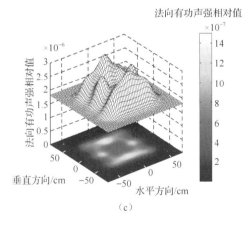

（c）

图 7-9 工况 4 时源面声全息分布

## 7.1.5   发射声基阵表面及近场有功声强矢量分布

在以上分析中，可以从源表面场出现的明显起伏现象判断出有阵元没有正常工作，但是故障阵元的准确位置还不明确。通常，一部大型声呐基阵有几十、几百甚至上千阵元，对故障阵元的判断是件麻烦的事情。那么，如何利用近场声全息技术来判断发射声基阵的具体故障阵元呢？

本试验主要利用工况 2 和工况 4 通过关闭部分阵元来模拟实际工程中出现故障阵元的情况，通过一次全息声压测量，利用近场声全息变换技术获取丰富的表面声场信息，来分析判断故障阵元。

图 7-10 是四种工况下发射基阵表面上水平（$x$）和垂直（$y$）方向的切向有功声强分量的合成矢量图。

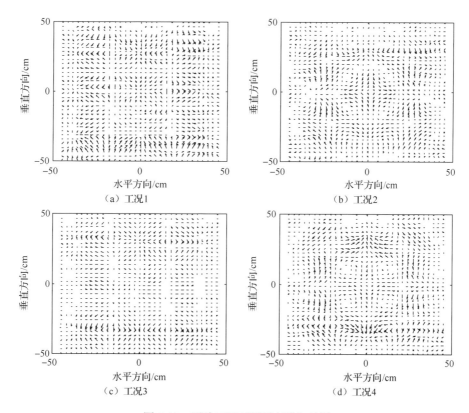

图 7-10   四种工况下源面声强矢量图

从工况 1 与工况 2 的比较、工况 3 与工况 4 的比较结果看，关闭部分阵元后，矢量图分布有明显变化，对矢量图上下方向的分布影响小，对左右方向的分布影响较大，但此时对关闭阵元的判断仍然不明显。

有多种基于近场声全息变换的方法可用来判断和定位故障阵元，如声强法、相位法等，其中声强法是一种使用较广的有效方法。在声强的直接测量中，通常测量法向有功声强分量，仅通过一个量的分布判断，信息量有限，如果能利用复声强的概念，信号量将更丰富。近场声全息变换为复声强分析提供了可能，有功声强 $I$ 反映了声场中的实际声能流，无功声强 $Q$ 反映了声压的衰减方向。可以将上述特点应用到声基阵故障阵元的判断中，除了利用法向有功声强分布判断外，还可以利用其他量来判断。

图 7-11 是四种工况下有功声强的两个切向声强 $I_x$ 和 $I_y$ 的分布。全发射时（工况 1、工况 3）水平与垂直切向声强分布较均匀，而关闭阵元后的工况 2 和工况 4 有明显的强弱变化，除了工况 4 的垂直方向切向声强分布图的中间下方有一个弱的虚假干扰外，其他三幅图即工况 2 的 $x$、$y$ 方向声强分量和工况 4 的 $x$ 方向声强分量分布都能正确地给出故障阵元的位置。

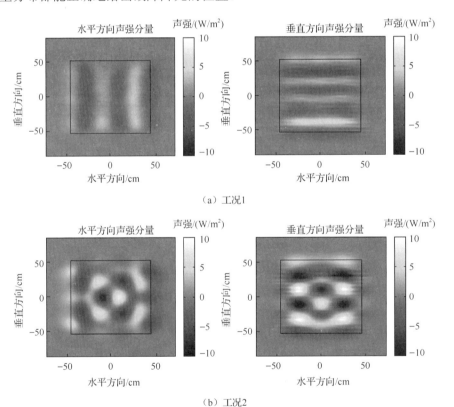

（a）工况1

（b）工况2

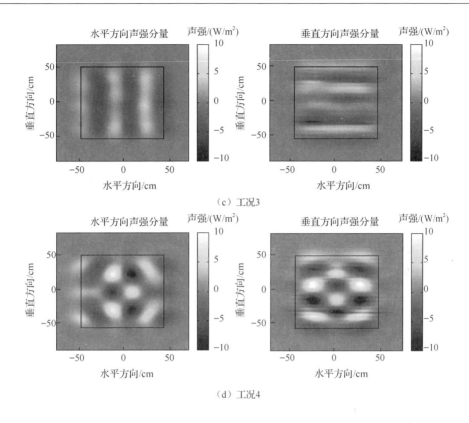

（c）工况3

（d）工况4

图 7-11　四种工况下发射面上有功声强的两个切向分量

复声强中的无功声强能反映声压的衰减方向，其分布特性如图 7-12 所示。从图中可以看出，故障阵元的位置能够准确直观地确定，其中近距离 $d_{sh} = \lambda/3$ 的变换要好于 $d_{sh} = \lambda/2$ 的效果，证明复声强中的法向无功声强分量分布用于声源特性分析中是很有效的。

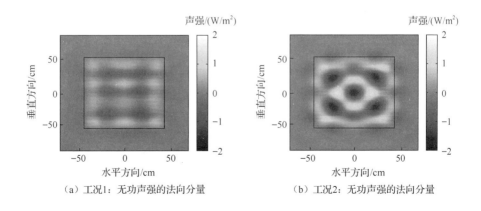

（a）工况1：无功声强的法向分量　　　　　　（b）工况2：无功声强的法向分量

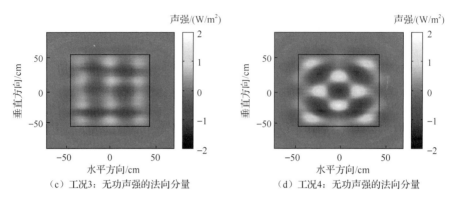

（c）工况3：无功声强的法向分量　　　　　　（d）工况4：无功声强的法向分量

图 7-12　四种工况下发射面上的无功声强的法向分量

同时，如图 7-13 所示的源面上复声压的相位分布也能给出故障阵元的大概位置。综合上述方法再结合阵元辐射声功率级分布可以清楚、直观地确定发射声基阵中的故障阵元。

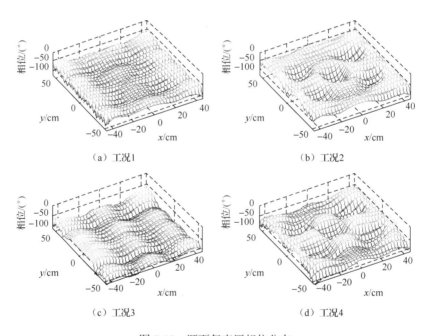

（a）工况1　　　　　　　　　　　　　（b）工况2

（c）工况3　　　　　　　　　　　　　（d）工况4

图 7-13　源面复声压相位分布

综上所述，近场声全息技术应用于水下平面发射声基阵的特性分析是可行的，并提供了丰富的常规测量方法难以获得的声场信息，采用表面声压与振速信息可以得到表面的辐射声阻抗。当所需检验的阵列为柱面发射基阵时，则可以采用柱面扫描形式进行全息声压测试，进而对阵元工作情况进行检验。

# 7.2　水下弹性目标主要噪声源识别

为了更有效地控制和降低水下结构辐射噪声，首先要了解水下结构的主要噪声源的位置、贡献大小、主要能量传播方式和途径等，这些都与噪声源的判断和识别有关。水下弹性结构噪声源识别方法中，近场声全息技术对其表面源强度识别十分有效。由前面章节内容可知，全息变换主要分为正交共形和非共形两类，常见正交变换主要有平面、柱面、球面三种形式。从全息阵列设计与应用的角度来讲，平面、柱面较为常用，当声源结构并非平面、柱面等结构时，则需要采用非共形全息变换。

## 7.2.1　水下弹性壳体表面源强柱面声全息重构试验

本次试验在外场湖中进行，对受激振动的圆柱壳进行了近场声全息测量和表面噪声源定位，圆柱壳如图 7-14 所示。通过测得复声压反演出声压、声强及振速空间分布，实现表面源识别[4]。

图 7-14　试验模型实物图

1. 试验测量系统

测量系统如图 7-15 所示，由信号源、功率放大器、发射声源组成发射系统，由水听器阵、参考水听器、测试系统组成接收系统。测量前对发射换能器和测量水听器、参考水听器的灵敏度进行校验，对电子测量部分进行调试，以保证其工作状态稳定、良好。

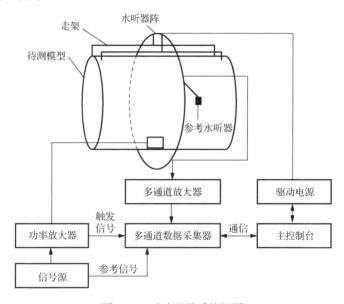

图 7-15　试验测量系统框图

信号源发射单频正弦信号，由功率放大器放大后经声源发射出去，测量水听器与参考水听器测得的信号经多通道放大器放大、滤波处理后，送入声全息测量分析系统，完成数据采集、保存及分析处理。

试验发射系统主要包括信号源、电磁激振器、功率放大器。接收系统主要由多通道数据采集器、前端放大器和水听器组成。本试验所用数据采集器是由比利时 LMS 公司生产的 SCADASIII 型 16 通道数据采集器。前端放大器为自制，水听器使用 B&K8103 型。

在本次试验中我们制作了一个环形水听器阵，沿圆柱壳轴向进行扫描。机械扫描装置由传感器固定架、轨道架、驱动电源、软件控制装置组成。由数个等长小棒相互连接而成一个多边形架，使每两个小棒连接处在同一圆上，这样就获得了围绕被测圆柱体的水听器阵。在环形架上每个连接处安装水听器座，间隔均匀地安装树脂夹具，用以固定水听器，夹具安装在扫描架上的上下位置可调，这样可以灵活地调整全息面半径。水听器装置示意图如图 7-16 所示。

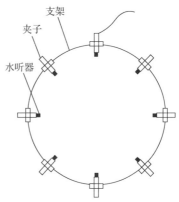

图 7-16　水听器装置示意图

　　水听器阵具有轴向和周向两个自由度：在轴向上，整个水听器框架可以沿待测模型前后平移；在周向上，水听器框架可绕待测柱面的中轴转动。利用主控制台控制机械走架带动水听器阵进行扫描，同时也可以控制发射系统与数据采集器，可以实现对采集的数据进行保存，并可通过系统界面实时监控采集过程，显示各通道信号状态，控制采集过程的开始、暂停与停止，亦可对采集的数据实时进行简单处理（图 7-17）。

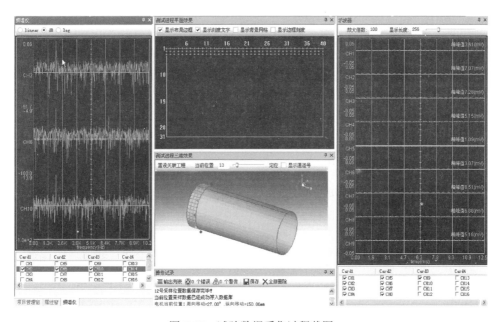

图 7-17　试验数据采集过程截图

**2. 试验数据预处理结果**

试验获得的数据有时并不是按照全息面上划分好的网格点排列，因此必须经过预处理，预处理即将测得的数据按网格点次序排列成可供声全息转换的矩阵形式。测得声压为标量，处理过程中将测得声压与参考信号作互谱，得到复声压矩阵。以电磁激励源为例，频率为 920Hz 时，全息面声压预处理结果如图 7-18 所示，图中横轴为柱面全息面的角度坐标值，纵轴为柱面全息面长度方向坐标值。

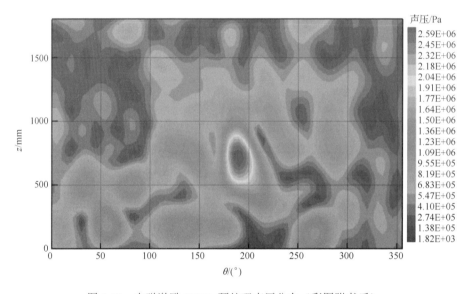

图 7-18　电磁激励 920Hz 预处理声压分布（彩图附书后）

采集完成后，各通道的数据已被保存于存储设备中，这时利用试验软件系统可以观察任意一个通道所采集的信号，并可对该信号做简单的分析，如求其均值、方差、傅里叶变换等。图 7-19（a）、（b）为单电磁激励源作用时通道信号波形及其频谱，图 7-19（c）、（d）为电磁激励源与宽带脉冲双激励源同时作用时的通道信号波形及其频谱。

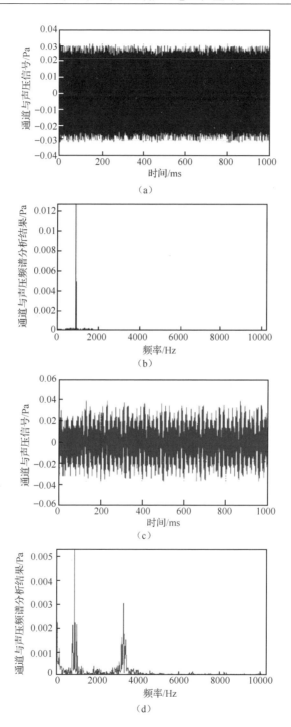

图 7-19　电磁激励通道波形及频谱

### 3. 试验结果分析

利用第 2 章所述的柱面-柱面声全息变换算法，由全息面上所测得的复声压反演源面上声压、声强分布，并识别声源位置。声源类型为电磁激励源；声源频率为 920Hz；全息面长度为 1800mm；采样点数为轴向 37，周向 70；全息面半径为 710mm；反演面半径为 550mm。反演结果如图 7-20、图 7-21 所示。

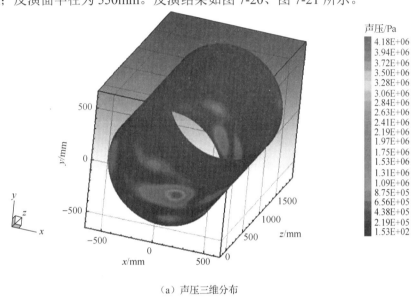

（a）声压三维分布

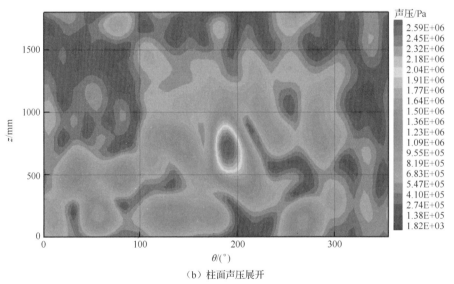

（b）柱面声压展开

图 7-20   电磁激励 920Hz 源面反演声压（彩图附书后）

从图 7-20 中可以看出，源位置在 $Z=800\text{mm}$、$\theta=180°$的位置上，与模型中声源放置位置比较吻合。图 7-21（a）、（b）的声能流分布图中，矢量长度和颜色代表声强幅值，矢量方向代表声强方向。从图中可以看出，声源位置亦可通过声强分布得到，与声压重建结果中所示的声源位置一致，且对源位置的识别精度更高。

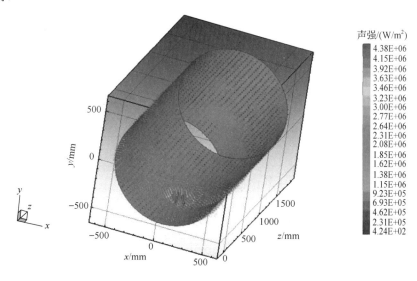

（a）声强矢量三维分布

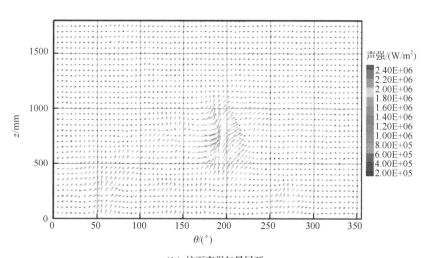

（b）柱面声强矢量展开

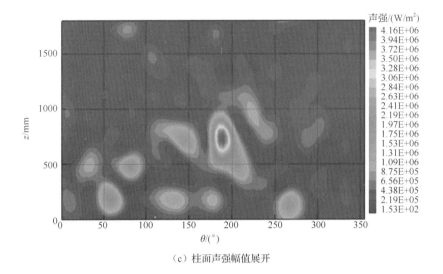

（c）柱面声强幅值展开

图 7-21 电磁激励 920Hz 源面反演声强（彩图附书后）

从以上试验结果中可以看出，柱面全息方法可以有效地进行水下弹性结构的噪声源识别与定位，且精度较高。

## 7.2.2 水下圆柱壳体源面声压等效源法声全息重构试验

我们在湖上进行了大型加肋圆柱壳体近场声全息测量试验，试验水域开阔、湖面平静。试验用模型及系统连接如图 7-22、图 7-23 所示[5]。

图 7-22 双层加肋圆柱壳体实物图

图 7-23　试验系统实物图

结构尺寸参数为：圆柱壳长 5.4m，内层壳体直径 1.5m，内壳钢板厚 0.004m，外层壳体直径 2.1m，外壳钢板厚 0.006m。模型通过连接杆吊入水中，连接杆另一端固定在测量转台上，测量转台连同模型可在 360°内旋转。

激励源位于模型中心正横方向位置，采用宽带激励。模型中心距离水面 14m，在距模型中心 10m 处，正横位置布放水听器测量阵列。水听器阵中心也位于水下 14m，阵长 24m。模型与水听器阵相对旋转一周形成柱面全息面，全息测试时模型周向每隔 15°测量一次，测量示意图参见图 7-24。通过柱面全息面测量结果进行全息变换，预测 20～24 号水听器所在的 11～15m 处环向的场点声压级，如图 7-25 所示。

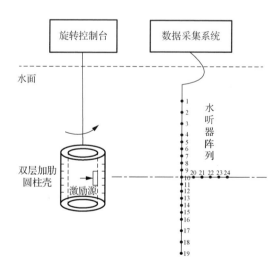

图 7-24　全息测量示意图

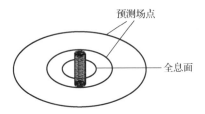

图 7-25　全息测量示意图

预测场点处的声压级预报结果与实际测量结果的对比如图 7-26 所示。

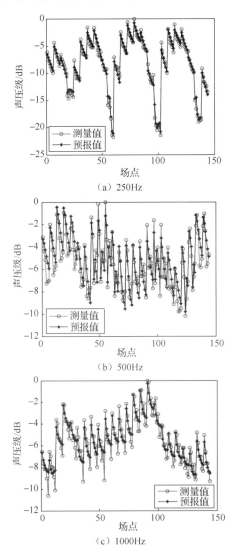

（a）250Hz

（b）500Hz

（c）1000Hz

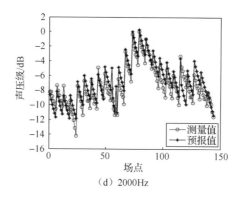

（d）2000Hz

图 7-26　归一化声压级对比结果

从图中可以看到，不同场点预报声压级与实测声压级在不同频率时曲线的变化基本一致，吻合较好。

## 7.2.3　水下运动目标表面源识别近场声全息试验

本节针对运动的复杂结构声源进行运动边界元全息的测量与重建、预报试验研究，试验在消声水池中进行，试验选用了匀速运动扫描数据采集装置和多通道数据采集系统等设备。试验水池大小为 4m×3.6m×3.6m；消声频率≥3kHz，水底和四周都有消声材料（水面除外）；扫描系统自由度为 3 平动+1 转动；动态范围为长>3m、宽>2m、深=1.4m；平动扫描精度<0.5mm。

由于本次试验过程中水面没有敷设吸声材料，因此利用了水面的绝对软性质对数据进行处理，采用半空间边界元法结合第 6 章中介绍的移动框架下的全息重建方法，对结构表面声压进行重建。

### 1. 试验测试系统

本试验以带帽圆柱壳为研究对象，采用内部点激励壳体的方式产生噪声源点，来进行结构体的噪声源定位试验研究。壳体的实物图见图 7-27[6]，总长0.48m，半径 0.06m，壁厚 0.002m。激励器是一个复合棒换能器，其直径 20mm、长 29.5mm，激励器的位置在半球壳的顶点处，把激励器的电源线从圆柱壳上的小孔引出。

图 7-27　结构声源实物图

　　发射系统由任意波形放大器、功率放大器、激励器三部分组成，其连接框图见图 7-28。工作流程如下：为得到更多的试验数据，试验中选用多个频率的正弦信号叠加的宽带信号，测量频率范围为 3～8kHz，频点间隔为 0.5kHz。将自行编写的发射信号 C 源代码下载至 Agilent33220A 任意波形发生器中产生试验所需信号，信号经 DF5887-L2 放大后输出至复合棒换能器（即激励器），激励器激励结构产生振动并向声场中辐射信号。

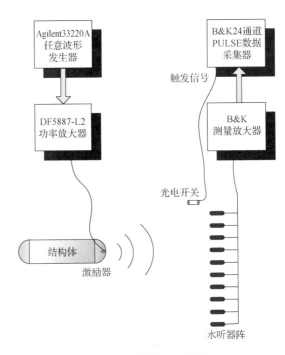

图 7-28　测量系统框图

接收系统由水听器基阵、测量放大器、数据采集器、计算机四部分组成，其连接情况如图 7-28。基阵由 10 个 B&K8103 水听器组成，阵元间距为 12cm。由于各个测量通道间信号幅度与相位测量存在偏差，会使得测量结果与实际声场分布有偏差，最终严重影响全息重建结果。而在多个阵元的测量系统中主要误差来源是水听器，因此试验前对水听器阵元间的一致性进行了校准。

本试验的主要目的是验证当结构体在半空间环境下匀速运动时是否可实现结构的内部噪声源定位。该水池可实现 3kHz 以上频段的半无限空间环境，但工作频段须在 3kHz 以上。另外，结构运动、基阵静止进行全息试验与基阵运动、结构静止进行全息试验是完全一样的过程，由于水池条件所限，采用让基阵运动的方式进行试验。通过一个静止水听器的数据作同步，可实现不同时段采集的数据同步化。这样可以模拟出两条足够密的基阵布放在结构两侧、结构匀速运动时的试验数据。

### 2. 半空间运动声源全息试验测量方法

采用双平面全息面采集数据，该全息面需离源面较近，且能得到足够的信息，测点间距按每个波长 7～8 个点采集。由此看出，试验中重建参数的选择与分析频率、分析波长有关，这里选取的频率为 3～8kHz，全息扫描如图 7-29 所示。测试过程中，模型固定在一个旋转装置上，以结构的几何中心为参考坐标系的几何中心，水面距结构 64.5cm，将测量基阵与扫描系统相连，近水面端的第一个水听器距水面 6cm，记为深度 1，使其沿 $y$ 轴方向匀速运动，运动范围是-46.5～46.5cm。为达到声场采集的精度，将基阵向下移动 3cm，在深度 2 处重复深度 1 步骤。继续向下移动 3cm、6cm，分别是深度 3 和深度 4。因而相当于采用了一个间距为 3cm 的 40 元均匀线阵进行运动目标辐射声压数据采集。以上完成了全息面 1 的测量。将结构体旋转 180°，重复全息面 1 的测量过程，完成全息面 2 的测量。所有数据的同步问题可通过一个参考水听器实现。以上数据采集方法得到的数据与结构体匀速运动、两侧各有一个 40 元的均匀线阵固定采集数据的方法得到的数据相同，见图 7-30。

在运动试验中，涉及基阵运动速度（相当于基阵固定时结构的运动速度）的测量问题。在采用 MFAH 进行声场重建时，需要速度测量精度在 1%以内。试验中基阵的运动是由程序控制电机带动基阵所在的机械架完成的，运动速度可认为是匀速的。为了达到这个速度测量精度，试验中采用现场可编程门阵列（field programmable gate array，FPGA）搭建一个高精度数字计数器，所用的计数时钟频率是 100MHz。在基阵运动的首末位置各布置一个光电开关，距离可通过米尺

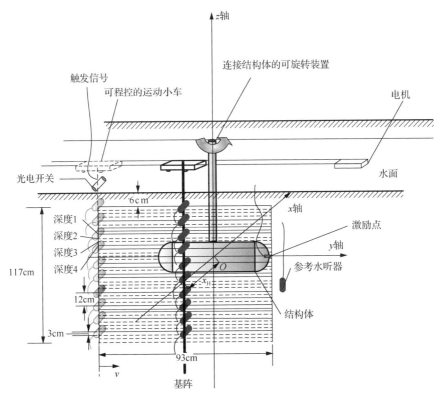

图 7-29 全息试验测量示意图

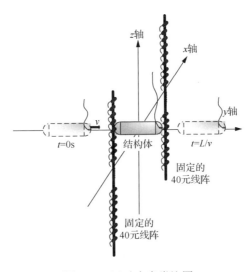

图 7-30 运动全息类比图

测量得到。当基阵运行到第一个光电开关处，光电开关发出一个高电平，触发频率计开始计数，同时触发采集器采集信号；运行至第二个光电开关处，触发频率计停止计数，同时触发采集器停止采集。所计的数除以计数时钟频率即运动时间。基阵运动长度除以基阵运动时间即可得到运动速度。经过多次测量，得到运动走架手动模式运动速度为 3.32cm/s，高速运行时运动速度为 6.96cm/s。

**3. 试验数据处理与结果分析**

**1）全息数据校正结果**

在运动速度为 6.96cm/s、测量距离为 4cm 的运动全息测量条件下，全息重构结果如下。

图 7-31 为一号水听器接收的时域信号及其频谱图。由于待测量结构与测量阵之间存在相对运动，从而产生幅值与频谱的多普勒效应。从图中可以看出，接收信号是多个存在多普勒效应的信号叠加起来的复杂信号。

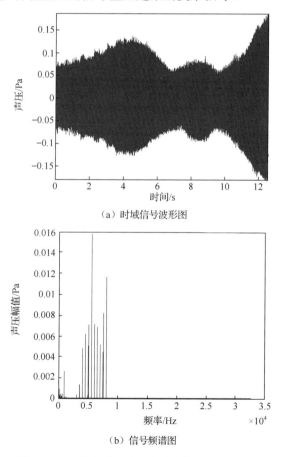

（a）时域信号波形图

（b）信号频谱图

图 7-31　一号水听器接收的时域信号及其频谱图

对接收的信号做有限冲击响应（finite impulse response，FIR）滤波，得到所要处理的某个频点处的信号。图 7-32 为中心频率为 7kHz 的 512 阶 FIR 带通滤波器的幅频与相频响应图。该滤波器的带宽是 400Hz，窗函数为汉宁（Hanning）窗。经过滤波后的时域信号波形与频谱如图 7-33 所示。从图中可清晰地看出，幅值与频谱上都存在多普勒效应。

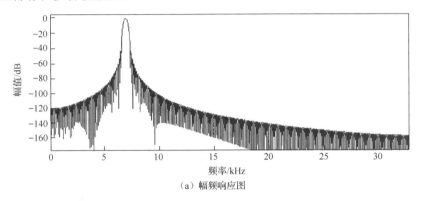

（a）幅频响应图

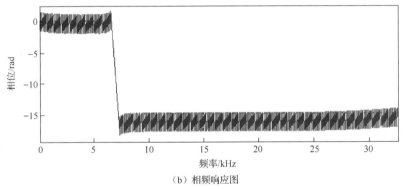

（b）相频响应图

图 7-32　中心频率为 7kHz 的 512 阶 FIR 带通滤波器的幅频与相频响应图

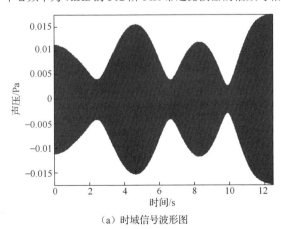

（a）时域信号波形图

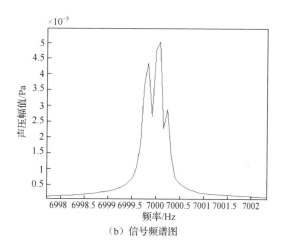

（b）信号频谱图

图 7-33　经 FIR 滤波后一号水听器 7kHz 频点处的时域信号波形与频谱图

　　根据移动框架运动全息技术的仿真研究可知，当马赫数小于 0.1 时（本试验 $Ma \ll 0.1$），某频点的全息面上的空间声压分布值可由水听器接收的时域信号乘以 $e^{j2\pi f_h t}$ 获得。将所有水听器接收到的时域多普勒信号经过 MFAH 处理，得到两个 $28 \times 40$ 个测点的全息面声压值，间距均为 3cm。图 7-34 为经 MFAH 变换后相对结构静止的全息面 1 测量声压幅值与相位。由于各个深度非同时测量，需利用参考信号同步各个深度的测量信号，而每个水听器也存在不一致性，需要校准。图 7-35 为校准修正后的声压幅值与相位。

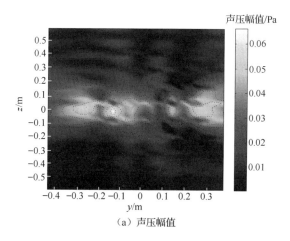

（a）声压幅值

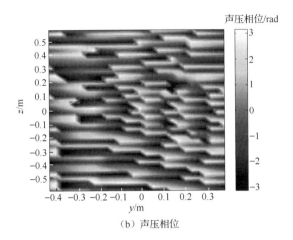

（b）声压相位

图 7-34　MFAH 反演得到的全息面 1 的声压幅值与相位

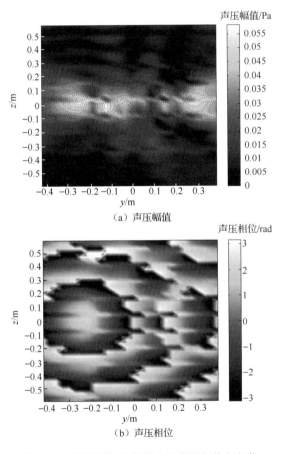

（a）声压幅值

（b）声压相位

图 7-35　修正后的全息面 1 的声压幅值与相位

2）全息数据正则化处理

根据边界元法声全息理论可知，该方法对误差特别敏感，需要对重建问题的关系矩阵进行皮卡（Picard）条件验证，如图 7-36 所示。从图中可知，随着系数 $i$ 的增加，奇异值 $\sigma_i$ 比傅里叶系数 $\left|u_i^H p_h\right|$ 衰减得快，因此关系矩阵不满足 Picard 条件，需要滤波处理——正则化。这里采用 Tikhonov 正则化方法，即通过加上适当的滤波系数，可以滤掉奇异值中重建结果贡献小而对误差却是非常敏感的项的影响。首先利用 L 曲线的拐点选择正则化参数，图 7-37 给出了频率为 7kHz 时的 L 曲线图，参数为 $\lambda = 0.001512$。

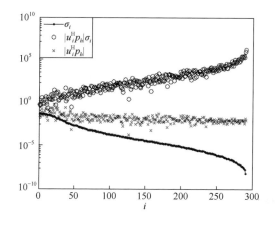

图 7-36　Picard 图

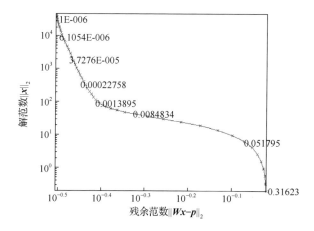

图 7-37　L 曲线图

由半空间边界元声全息技术反演得到结构表面的分布情况。图 7-38 给出了频率为 7000Hz、两个测量平行面距结构中心 10cm 时，重构的结构表面声压、振速幅值与有功声强图。其中图 7-38（a）是未采用正则化的重构图，图 7-38（b）是采用正则化手段的半空间边界元方法得到的结果。

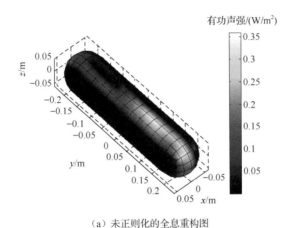

（a）未正则化的全息重构图

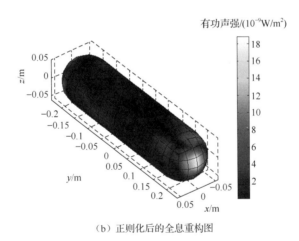

（b）正则化后的全息重构图

图 7-38　半空间边界元全息重构的声源表面有功声强图

为了验证试验结果是否准确，利用商业边界元软件对该壳体进行受激励力的表面声强分布分析。图 7-39 给出了受频率为 7kHz 的激励力激励时的壳体表面声强分布情况。

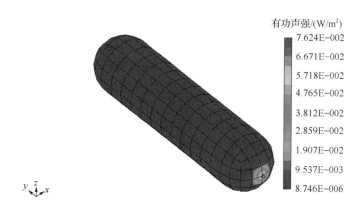

有功声强/(W/m²)

7.624E−002

6.671E−002

5.718E−002

4.765E−002

3.812E−002

2.859E−002

1.907E−002

9.537E−003

8.746E−006

图 7-39  激励力激励下的结构表面有功声强数值计算结果（彩图附书后）

对比图 7-38、图 7-39 可以看出：①不采用正则化的全息方法无效。②采用正则化技术的半空间边界元技术结合运动全息方法与理论值吻合得很好，可正确推导出结构的表面分布。误差来源主要是仿真的参数与壳体真实情况有偏差，另外测量过程中也存在误差。③在激励点处声强最大，因而验证了该技术可识别噪声源。

图 7-40～图 7-42 分别为频率为 3kHz 时的结构表面声压、法向振速与声强的理论值与反演值的对比图。由这些图可以看出，声强的重构效果最好，并且最能反映噪声源的分布情况。频率不同时壳体表面的声强分布是不同的，原因是频率不同时，结构的被激起模态不同。

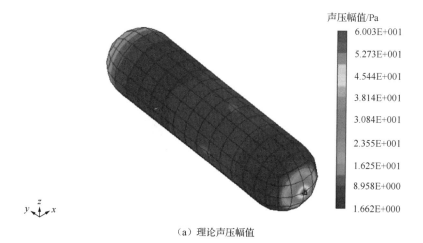

声压幅值/Pa

6.003E+001

5.273E+001

4.544E+001

3.814E+001

3.084E+001

2.355E+001

1.625E+001

8.958E+000

1.662E+000

（a）理论声压幅值

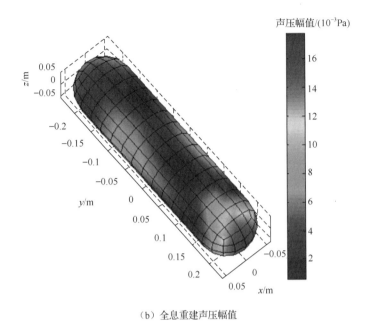

（b）全息重建声压幅值

图 7-40　结构表面声压幅值的理论值与反演值（彩图附书后）

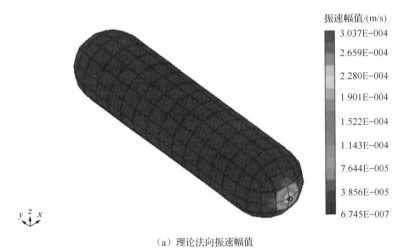

（a）理论法向振速幅值

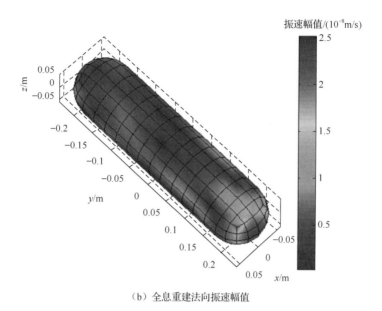

（b）全息重建法向振速幅值

图 7-41　结构表面法向振速理论值与反演值（彩图附书后）

（a）理论有功声强幅值

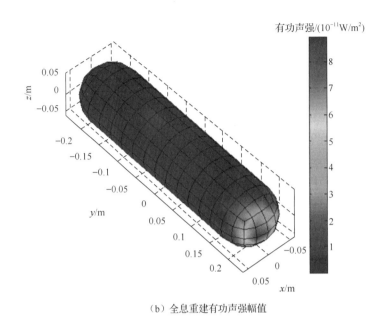

有功声强/$(10^{-11}\text{W/m}^2)$

（b）全息重建有功声强幅值

图 7-42　结构表面有功声强理论值与反演值（彩图附书后）

3）声场声压预测结果

为了验证本书提出的全息方法的预测效果，取距结构表面 8cm 处测量阵得到的运动试验数据进行全息反演，所用频点 4kHz，得到结构表面声压、振速分布，再通过表面反演值预测距结构表面 4cm 处的大小为 0.81m×1.17m 平面的声压分布情况。

图 7-43、图 7-45 为距结构表面 4cm 的时域多普勒数据经 MFAH 处理后全息声压幅值、相位测量值。图 7-44、图 7-46 为由本章方法预测得到的该位置的声压幅值、相位值。为了更加直观地反演声压分布全貌，分别给出了峰值图和斑图。通过对比测量值与预测值可以发现，基于 MFAH 与 BEM-NAH 相结合的全息法计算得到的声压幅值与相位和实际测量值相比，无论是峰值、整体形状还是分布情况都非常相似，这说明该全息方法在预测声场方面也是非常有效的。

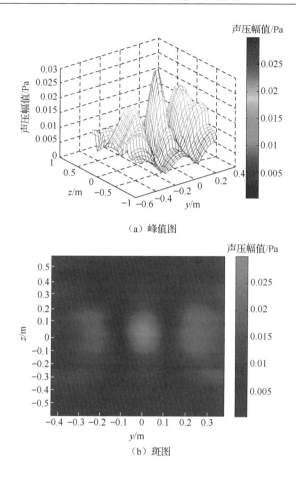

（a）峰值图

（b）斑图

图 7-43 实际测量得到的距结构前表面 4cm 处平面声压幅值图

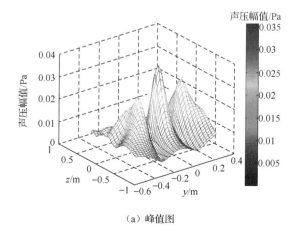

（a）峰值图

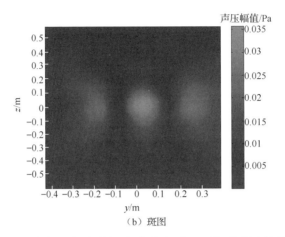

（b）斑图

图 7-44　全息反演预测的距结构前表面 4cm 处平面声压幅值图

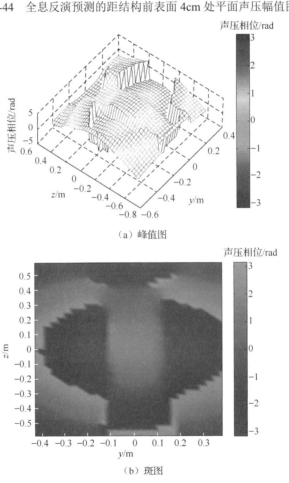

（a）峰值图

（b）斑图

图 7-45　实际测量得到的距结构前表面 4cm 处平面声压相位图

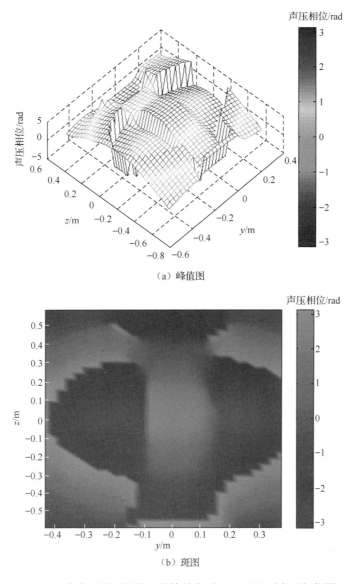

（a）峰值图

（b）斑图

图 7-46　全息反演预测的距结构前表面 4cm 处平面声压相位图

4）不同运动速度时的反演结果

图 7-47、图 7-48 分别给出了运动速度为 3.32cm/s 和 6.96cm/s 时的反演重构表面声压、有功声强图。从图中可以看出，不同速度的反演结果相同，均可以有效实现源位置识别。

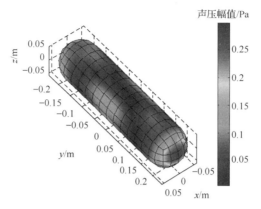

（a）声压幅值

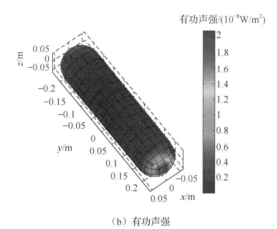

（b）有功声强

图 7-47　$v$=3.32cm/s 时的声源表面声压幅值与有功声强（彩图附书后）

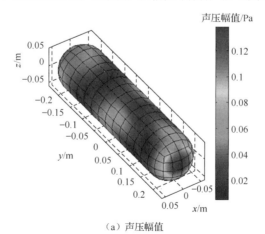

（a）声压幅值

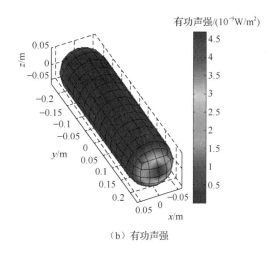

（b）有功声强

图 7-48　$v$=6.96cm/s 时的声源表面声压幅值与有功声强（彩图附书后）

5）全息面大小对反演结果的影响

图 7-49～图 7-52 分别给出了全息面大小为 $0.5\lambda \times 0.5\lambda$、$\lambda \times \lambda$、$2\lambda \times 2\lambda$、$3\lambda \times$ $3\lambda$ 时的全息反演重构情况。通过对比发现，全息面越大，噪声源识别效果越好。全息面小于 $2\lambda \times 2\lambda$ 时反演结果误差很大，无法进行噪声源识别。全息面大小是 $2\lambda \times 2\lambda$ 和 $3\lambda \times 3\lambda$ 时的反演结果基本相同，也就是说，只要能获取足够的场点信息，即可重构出理想的全息结果。

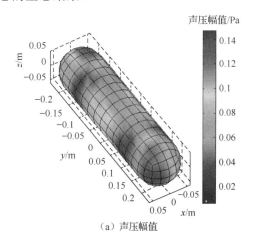

（a）声压幅值

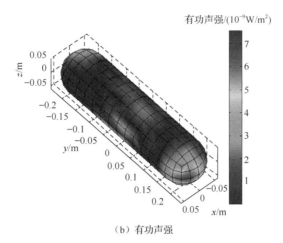

（b）有功声强

图 7-49 全息面为 $0.5\lambda \times 0.5\lambda$ 时全息重构的表面声压幅值与有功声强（彩图附书后）

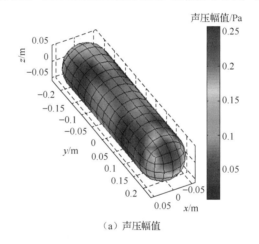

（a）声压幅值

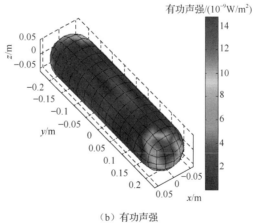

（b）有功声强

图 7-50 全息面为 $\lambda \times \lambda$ 时全息重构的表面声压幅值与有功声强（彩图附书后）

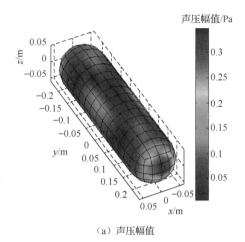

（a）声压幅值

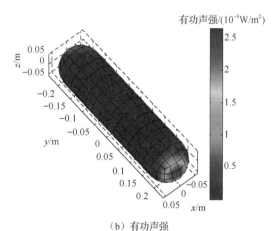

（b）有功声强

图 7-51　全息面为 $2\lambda \times 2\lambda$ 时全息重构的表面声压幅值与有功声强（彩图附书后）

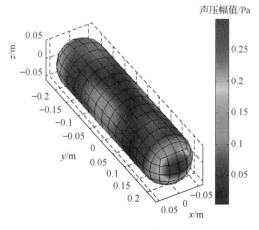

（a）声压幅值

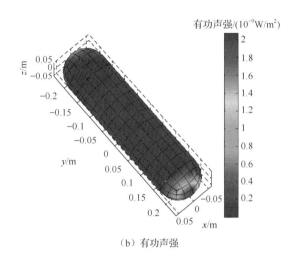

（b）有功声强

图 7-52　全息面为 $3\lambda \times 3\lambda$ 时全息重构的表面声压幅值与有功声强（彩图附书后）

6）噪声源重建结果

以上试验都是针对单激励点定位研究，为了验证运动目标表面源识别近场声全息方法对多噪声源点的定位效果，对如图 7-53 所示的模型进行了定位试验研究。该试验的研究对象是一个存在激励点的带帽圆柱壳与一个球形声源同时辐射噪声。在该模型的外部设置一个正方体形状的虚源面。图 7-54（a）和（b）分别是由距结构中心 10cm 和 14cm 处测量的全息数据反演的虚源面的声强分布图。

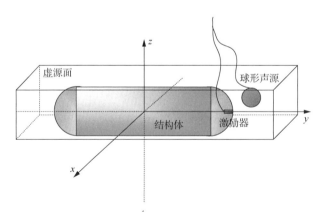

图 7-53　待测结构体及虚源面图

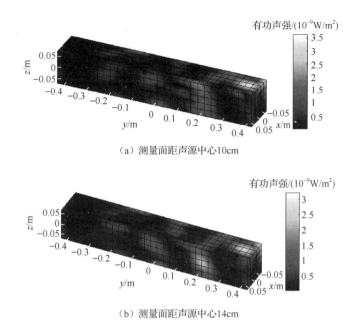

（a）测量面距声源中心10cm

（b）测量面距声源中心14cm

图 7-54　不同测量距离反演的虚源面有功声强图

对比图 7-54（a）和（b）可以看出，反演结果基本相同，能看到两个噪声源，一个在带帽圆柱壳的顶部，一个在圆柱壳侧面，激励器球形换能器的实际位置相符，表明该方法可以实现多个噪声源的定位。

全息试验中，有些误差是不能避免的，通过滤波处理、正则化处理可减小重构误差的影响。通过单、多噪声源定位试验，可以验证本书提出的全息处理方法是有效可行的，可实现对运动结构的表面信息重构与声场预测。

## 7.3　水下声学材料声学性能测试

随着工业、环保、建筑、军事等领域的发展以及人们对噪声防治的日益重视，吸声材料在空气和水中都有极其广泛的应用。在水声领域中，吸声材料的反声特性是衡量其性能的一个重要特征。

水下目标的声隐身性能主要体现在抗敌主动声呐的探测能力及防敌被动声呐探测能力上，所以自第二次世界大战以后，各海军强国均极为重视水下目标声隐身技术的发展。消声瓦是随现代吸声材料的发展而逐渐成熟起来的一种新型水下目标隐身装备。在水下目标表面敷设消声瓦是各国普遍采用的提高水下目标声隐身性能的方法，也是水下目标对抗敌方主动声呐最主要、最有效的方法之一。水下目标表面覆盖消声材料是为了降低声反射强度，达到回声隐身的目的。减少敌方主动声呐探测距离是消声瓦的主要功能，其工作机理就是在海水与船体之间产生阻抗匹配，使得声波能够进入消声瓦内，由于消声瓦材料的阻尼作用和瓦内空腔或填充物的作用，使声波波形发生变化，声能转化成热能被消耗掉，从而使返回的声波能量大大降低，达到减少主动声呐探测距离的目的。据测算，噪声每降低 20dB，可使己方被动声呐探测距离增加一倍，敌方主动声呐探测距离降低 50%，并能缩小敌方水中兵器的作战半径，降低其命中精度，同时可使本艇的声模拟干扰装置作战效果提高 15 倍左右。因此，声学材料的声学特性，尤其是对其反声特性的测量有着重要的应用价值。

## 7.3.1　声学材料声反射系数测量方法介绍

根据入射波方向的不同，声反射系数测量方法大致可分为垂直入射和斜入射平面波两大类。材料的垂直反射系数的研究方法主要有脉冲管法、驻波管法、传递函数法，而这些方法主要适用于声管中小样品的复反射系数测量。但受限于测量尺寸，只能反演法向的声反射系数，其应用有局限性，特别是在水声领域。对于大样品，一般都在自由场中进行测量，如宽带脉冲压缩法等。而自由场大样测量则不仅可以给出材料法向的反射特性，而且可以测得斜向反射特性。

关于自由场中材料大样任意入射角反射系数的测量方法目前已经有很多成熟技术，大致可归纳为以下几类[2]。

（1）表面声压法：在待测材料表面上测得其复声压，再与位于空间同一点上全反射材料上测得的声压相比较。

（2）干涉图法：应用几何反射理论，可以通过位于待测材料前的声波干涉图得到反射系数。

（3）信号分离法：使用脉冲或相关技术，测量一待测材料表面上对一测试信号的响应声压，再分离入射和反射信号以得到反射系数。

（4）双微音器法：通过置于待测材料表面附近的两个微音器之间的一个传播方程来测量，可计算得到反射系数。

（5）近场声全息法：通过记录声场中全息面的声学量（如复声压、复振速、声强）分布，经过反演，从而重构出整个声场分布[7-8]。

## 7.3.2　水下声学材料性能近场声全息测试系统

近场声全息法反演全方向角度下的材料大样声反射系数，最早是由日本学者

Tamura 等[9-11]提出。这种方法是以波动声学理论为基础，利用空间傅里叶变换，将测得的两个全息面上的球面波声压（全息声压）分解为不同方向（波数）的平面波分量，再利用平面波传播理论，将材料大样表面（即源面）的入射波分量和反射波分量分离出来，从而得到材料大样的声反射系数。

这部分原理在本丛书《水下声学材料测试技术》分册中有详细介绍，本书中不再赘述，仅给出部分试验结果为例，介绍近场声全息技术在水下材料声学性能测试时的应用方法。

声学材料大样声反射系数测试系统分为软件系统和硬件系统两部分。其中，软件系统功能为数据采集控制、信号源控制、声场扫描控制、全息声压数据预处理、材料声反射系数反演、通道一致性校准；硬件系统包括发射系统、接收系统、扫描系统、校准系统。图 7-55 为测试系统路线框图。

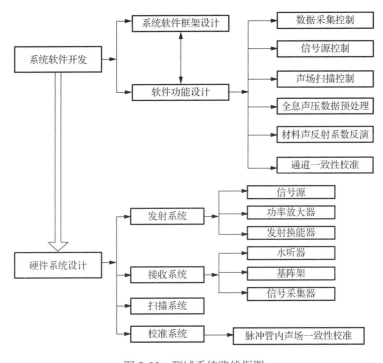

图 7-55　测试系统路线框图

发射部分和接收部分的各仪器按照图 7-56 所示连接，具体仪器及实现功能介绍如下。

（1）信号源。型号 AFG3102，采用窄带信号叠加方式，利用任意信号发生器生成所需带宽的周期脉冲信号。输出信号可以根据换能器的发射电压响应，对各窄带信号的幅值进行了加权，使得换能器产生声场的频响很平坦。

（2）功率放大器。型号 Instrumentsinc L6，输出阻抗分档可变，最大输出功率>1kW。

（3）发射换能器。发射换能器采用无方向性波束球形换能器 6829 系列。6829 系列收发合置换能器可以提供宽带大功率输出信号，见图 7-57。

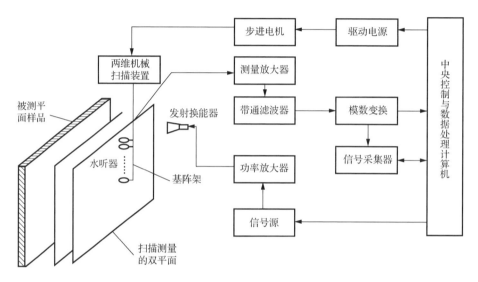

图 7-56　半空间全息法声反射系数测量系统框图

图 7-57　6829 系列无方向性波束球形换能器

（4）水听器。基阵架上安装的测量水听器为 B&K8103 水听器，其电压灵敏度是 30μV/ Pa，电荷灵敏度是 0.12pC/Pa，电容是 3580pF。参考水听器为 B&K8105 水听器，其电压灵敏度是 56μV/Pa，电荷灵敏度是 0.42pC/Pa，电容是 7500pF。

（5）基阵架。基阵架由钢管制成，将水听器装在基阵架上，为减小水听器基阵架的散射带来的声场误差，在其外表面缠绕黏弹性吸声材料。水听器安装基座由有机玻璃制成，以卡扣方式插入水听器基阵架，底端以螺母固定。表 7-2 列出了各测量频率水听器基阵架的散射强度。表中测量结果表明，在 3～10kHz 频率范围内，基阵架的声散射强度小于-30dB。

表 7-2　基阵架的散射强度

| 频率/kHz | 输出电压/mV | | 散射强度 $\alpha(f)$ |
| --- | --- | --- | --- |
| | $P$ | $P_0$ | |
| 3 | 251.2 | 255.1 | -35.3 |
| 4 | 393.6 | 399.9 | -36.2 |
| 5 | 575.4 | 563.3 | -33.0 |
| 6 | 441.6 | 433.3 | -34.5 |
| 7 | 724.4 | 702.1 | -30.2 |
| 8 | 1188.5 | 1226.9 | -29.8 |
| 9 | 1288.2 | 1249.7 | -30.4 |
| 10 | 1566.8 | 1528.3 | -32.2 |

（6）信号采集器。型号 B&K3560C，分析信号频率范围为 0～25kHz；输入信号量程为 7mV～25V；分辨率为 24bit；输入噪声为比所选用量程对应的最大峰值电压低 80dB；幅度一致性为 2～20kHz，典型值 0.01dB，最大为 0.2dB；相位一致性为 2～20kHz，小于 1.5°。

## 7.3.3　水下声学材料声反射系数全息测量结果

本试验针对声学覆盖层产品进行了反射系数声全息测量。测量前以钢板为被测材料进行了全息测试参数的验证性试验，在反演值与理论值取得较好吻合效果的声场几何参数的条件下，再对声学覆盖层材料大样进行声反射系数的测量。

测量频率范围为 3～10kHz，频率间隔为 1kHz，声学覆盖层样品尺寸为 1.6m×1.2m，厚 5cm（背面有钢衬）。测量范围为 1.32m×1.14m，全息面 1 到源面距离为 3cm，全息面 2 到源面距离为 5cm，测点水平和垂直间距均为 6cm，得到 20 行×23 列的数据，试验地点、测量系统、具体扫描方式均与钢板验证性试验相同。

下面给出 3～10kHz 声学材料大样试验反演结果以及在 0～25°范围内以 5°为间隔的各个入射角度时声反射系数的频响曲线，如图 7-58、图 7-59 所示。由于试验参数选取的是同样尺寸的钢板验证性试验中得到的全息测试参数，因此，测量结果的变化规律与物理事实是相符合的。

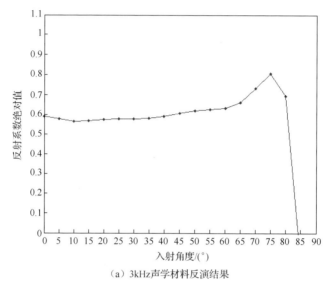

（a）3kHz声学材料反演结果

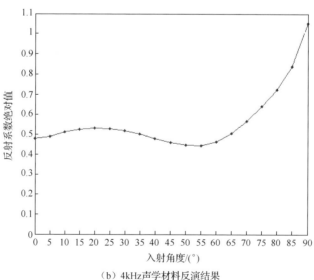

（b）4kHz声学材料反演结果

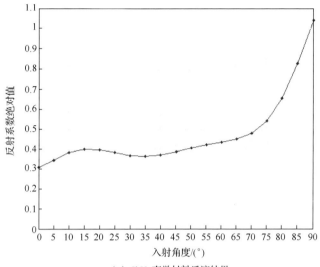

（c）5kHz声学材料反演结果

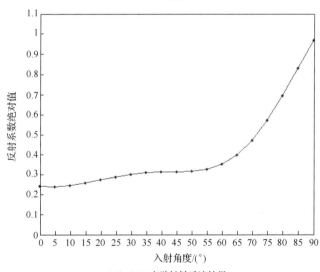

（d）6kHz声学材料反演结果

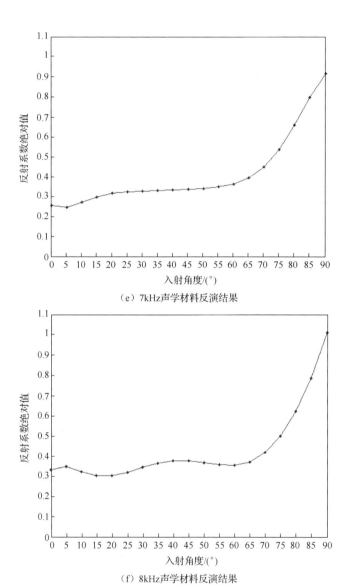

（e）7kHz声学材料反演结果

（f）8kHz声学材料反演结果

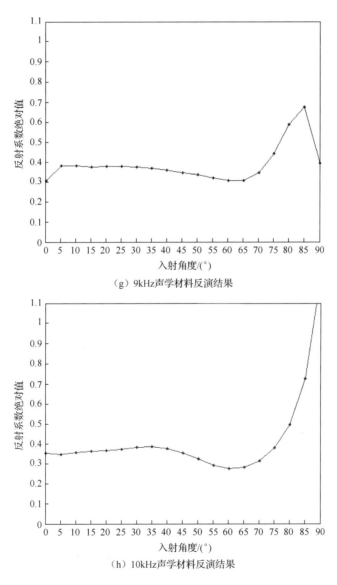

（g）9kHz声学材料反演结果

（h）10kHz声学材料反演结果

图 7-58　声学材料大样声反射系数试验反演结果

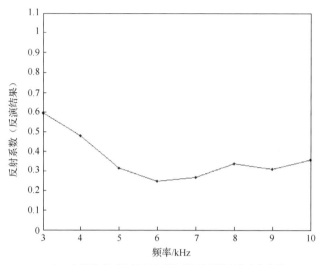

（a）0°入射角度时的声反射系数反演结果随频率变化曲线

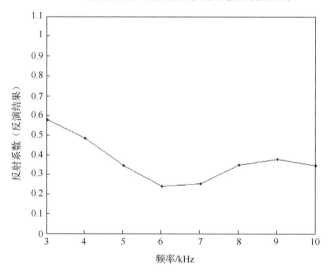

（b）5°入射角度时的声反射系数反演结果随频率变化曲线

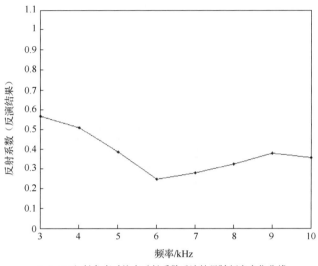

（c）10°入射角度时的声反射系数反演结果随频率变化曲线

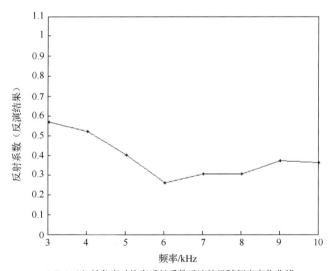

（d）15°入射角度时的声反射系数反演结果随频率变化曲线

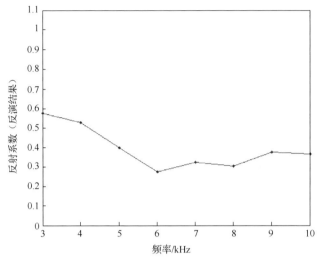

（e）20°入射角度时的声反射系数反演结果随频率变化曲线

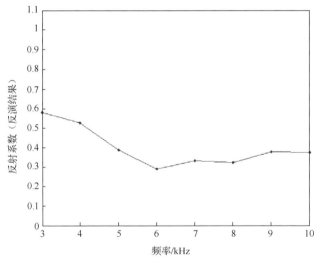

（f）25°入射角度时的声反射系数反演结果随频率变化曲线

图 7-59 声波一定角度入射情况下声反射系数反演结果频响曲线

从反演结果可以看出，在较低频率该材料反射系数随入射角变化不大，频率较高时反射系数随入射角变化的增加有一定的起伏，但总的变化规律与物理事实是一致的。各入射角度的反射系数随频率的增加是减小的，但在 6kHz 时有较小的低谷。

# 参 考 文 献

[1]　张德俊. 近场声全息对振动体及其辐射场的成像[J]. 物理学进展, 1996(21): 613-623.

[2]　董磊, 商德江, 肖妍, 等. 水声换能器表面声阻抗特性声全息测量方法研究[C]. 第十七届船舶水下噪声学术讨论会, 2019: 732-739.

[3]　何元安, 何祚镛, 商德江, 等. 基于平面声全息的全空间场变换: Ⅱ.水下大面积平面发射声基阵的近场声全息实验[J]. 声学学报, 2003, 28(1): 45-51.

[4]　张若愚, 聂佳, 申和平, 等. 水下声源的近场声全息试验:原理及试验数据分析[C]. 第十三届船舶水下噪声学术讨论会, 2011: 440-446.

[5]　孙超, 何元安, 商德江, 等. 水下声源有限空间近场声全息方法研究[C]. 2013 年全国水声学学术交流会, 2013: 82-84.

[6]　陈梦英. 半空间运动目标声源全息识别方法研究[D]. 哈尔滨: 哈尔滨工程大学, 2010.

[7]　商德江, 刘扬. 近场全息声压反演任意入射角材料反射系数方法研究[C]. 第十届船舶水下噪声学术会议, 2005: 66-73.

[8]　高岩, 王洋, 刘永伟, 等. 半空间全息法反演材料反射系数试验研究[C]. 中国声学学会 2007 年青年学术会议, 2007: 990-991.

[9]　Tamura M. Spatial Fourier transform method of measuring reflection coefficients at oblique incidence. I. Theory and numerical examples[J]. The Journal of the Acoustical Society of America, 1990, 88(5): 2259-2264.

[10]　Brouard B, Lafarge D, Allard J F, et al. Measurement and prediction of the reflection coefficient of porous layers at oblique incidence and for inhomogeneous waves[J]. The Journal of the Acoustical Society of America, 1996, 99(1): 100-107.

[11]　Tamura M, Allard J F, Lafarge D. Spatial Fourier transform method for measuring reflection coefficients at oblique incidence. II. Experimental results[J]. The Journal of the Acoustical Society of America, 1995, 97(4): 2255-2262.

# 索　引

# 彩　　图

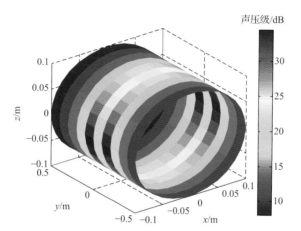

（a）理论声压级

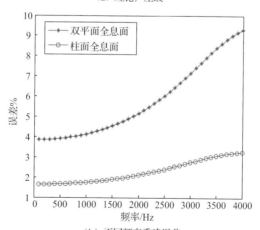

（b）不同频率重建误差

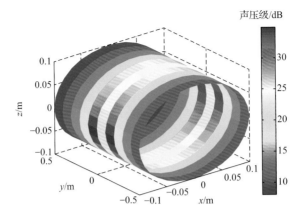

（c）柱面全息面重建声压级

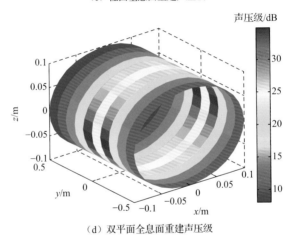

（d）双平面全息面重建声压级

图 4-8　重建误差比较

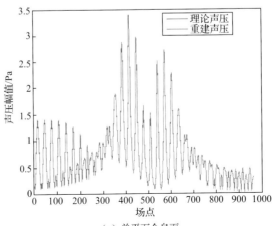

（a）单平面全息面

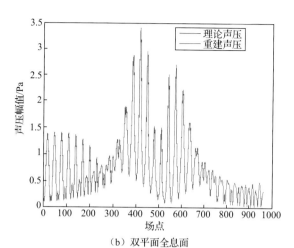

（b）双平面全息面

图 4-12　全息重建结果与理论值对比（$f=1000$Hz）

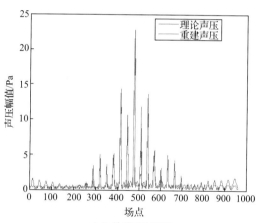

（a）单平面全息面

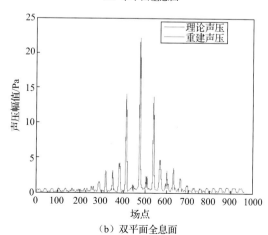

（b）双平面全息面

图 4-13　全息重建结果与理论值对比（$f=1800$Hz）

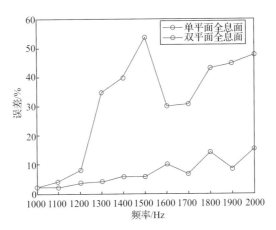

图 4-14　不同全息面重建误差

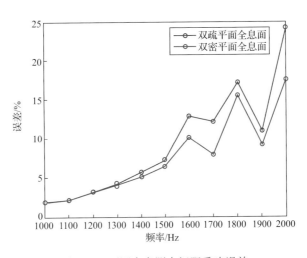

图 4-15　不同全息测点间距重建误差

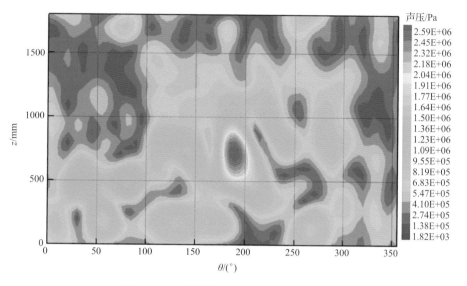

图 7-18 电磁激励 920Hz 预处理声压分布

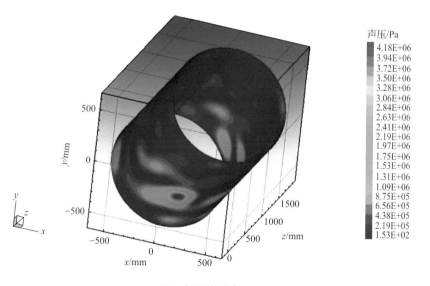

（a）声压三维分布

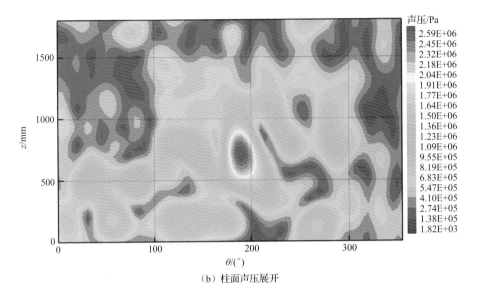

（b）柱面声压展开

图 7-20 电磁激励 920Hz 源面反演声压

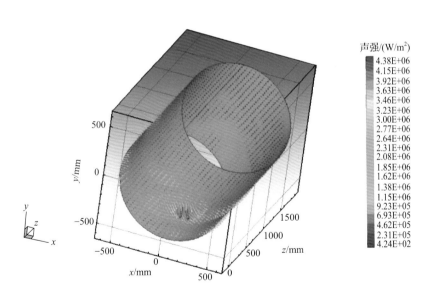

（a）声强矢量三维分布

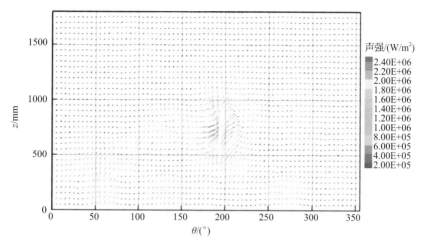

（b）柱面声强矢量展开

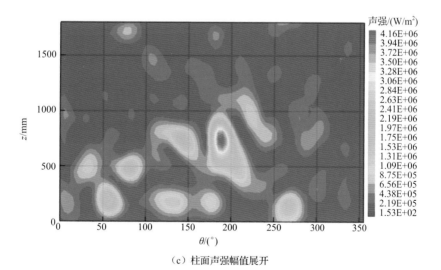

（c）柱面声强幅值展开

图 7-21　电磁激励 920Hz 源面反演声强

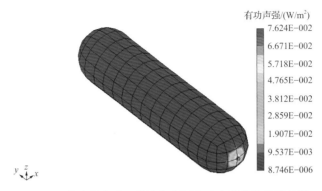

有功声强/(W/m²)

| |
|---|
| 7.624E−002 |
| 6.671E−002 |
| 5.718E−002 |
| 4.765E−002 |
| 3.812E−002 |
| 2.859E−002 |
| 1.907E−002 |
| 9.537E−003 |
| 8.746E−006 |

图 7-39　激励力激励下的结构表面有功声强数值计算结果

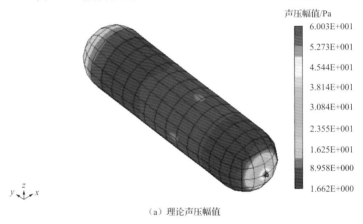

声压幅值/Pa

| |
|---|
| 6.003E+001 |
| 5.273E+001 |
| 4.544E+001 |
| 3.814E+001 |
| 3.084E+001 |
| 2.355E+001 |
| 1.625E+001 |
| 8.958E+000 |
| 1.662E+000 |

（a）理论声压幅值

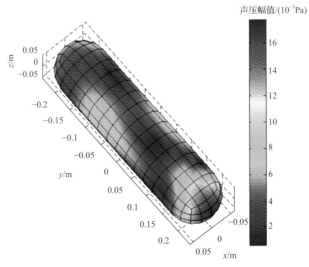

（b）全息重建声压幅值

图 7-40　结构表面声压幅值的理论值与反演值

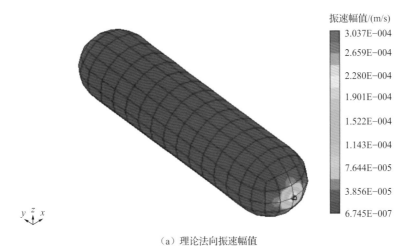

振速幅值/(m/s)

3.037E−004

2.659E−004

2.280E−004

1.901E−004

1.522E−004

1.143E−004

7.644E−005

3.856E−005

6.745E−007

（a）理论法向振速幅值

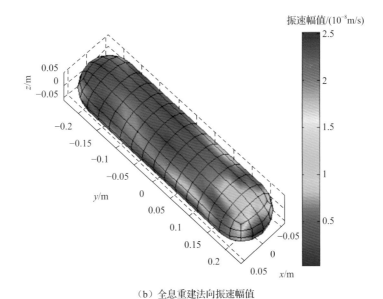

（b）全息重建法向振速幅值

图 7-41  结构表面法向振速理论值与反演值

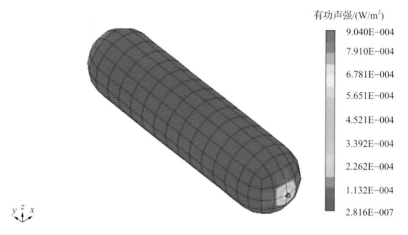

有功声强/(W/m²)

9.040E-004

7.910E-004

6.781E-004

5.651E-004

4.521E-004

3.392E-004

2.262E-004

1.132E-004

2.816E-007

（a）理论有功声强幅值

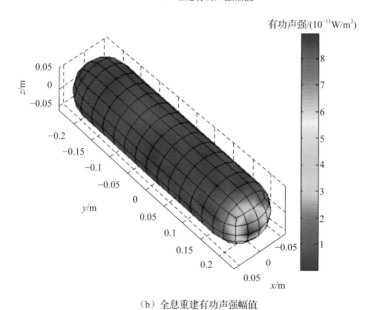

有功声强/(10⁻¹¹W/m²)

（b）全息重建有功声强幅值

图 7-42　结构表面有功声强理论值与反演值

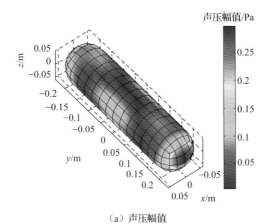

（a）声压幅值

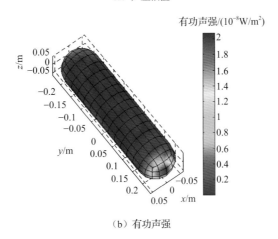

（b）有功声强

图 7-47　$v=3.32$cm/s 时的声源表面声压幅值与有功声强

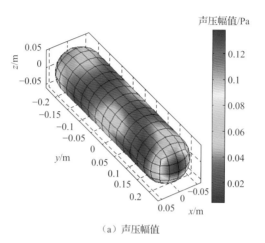

（a）声压幅值

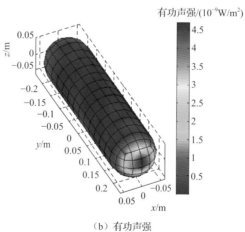

（b）有功声强

图 7-48  $v$=6.96cm/s 时的声源表面声压幅值与有功声强

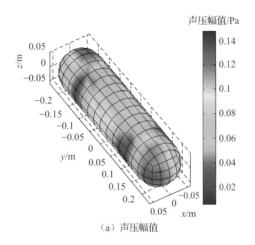

（a）声压幅值

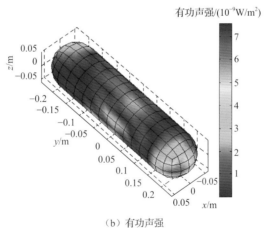

（b）有功声强

图 7-49　全息面为 $0.5\lambda \times 0.5\lambda$ 时全息重构的表面声压幅值与有功声强

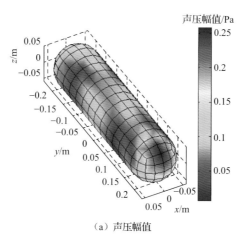

（a）声压幅值

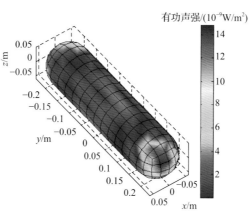

（b）有功声强

图 7-50　全息面为 $\lambda \times \lambda$ 时全息重构的表面声压幅值与有功声强

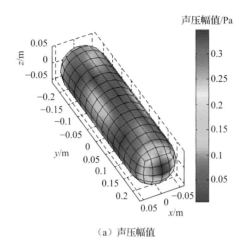

声压幅值/Pa

（a）声压幅值

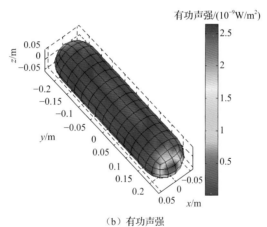

有功声强/$(10^{-9}\mathrm{W/m^2})$

（b）有功声强

图 7-51　全息面为 $2\lambda \times 2\lambda$ 时全息重构的表面声压幅值与有功声强

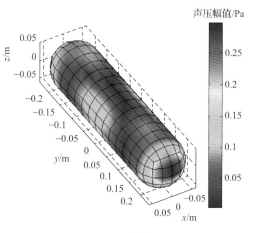

（a）声压幅值

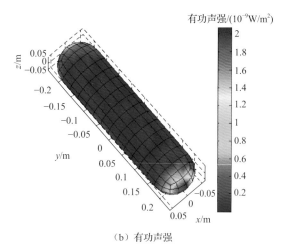

（b）有功声强

图 7-52　全息面为 $3\lambda \times 3\lambda$ 时全息重构的表面声压幅值与有功声强